ENCYCLOPEDIE DES PLANTES

2

Jacqueline LAUNAY

ENCYCLOPEDIE DES PLANTES

Nature et Environnement

Une agriculture nouvelle...
«Pour notre terre, choisir l'agriculture durable... écologique...
pour un environnement durable, pour nos enfants ! »

Edition : BoD - Books on Demand
12/14 rond-point des Champs Elysées, 75008 Paris
Imprimé par Books on Demand GmbH, Norderstedt, Allemagne
ISBN : 9782322113613
Dépôt légal : décembre 2016

5

*Je dédie ce livre
A mes enfants et
à ma petite fille, Charlotte,
A mes neveux et petits-neveux,
A mes filleuls,
A mes amis.*

ENCYCLOPEDIE DES PLANTES

ENCYCLOPEDIE DES PLANTES

7

8

Page précédente :
Photo 1 - « chef-lieu de Vimines, devant les Belledonnes, en Savoie (région Auvergne-Rhône-Alpes) » ; est distribué sous licence CC BY-SA 3.0   Auteur Florian Pépellin.
Photo 2 - « la rivière d'Hyères traverse Cognin, Savoie - France » ; est distribué sous licence CC BY-SA 3.0   Auteur Florian Pépellin.   Wikipédia

*

Du même auteur,

« Produire Plus ! »

« Petite Histoire des Peuples en 7 volumes »

« PhénixMai»

« Des Dieux et des Hommes »

*

La plante
(du latin : Planta)

La plante est un végétal terrestre, pouvant être une fleur minuscule ou un arbre géant, fixé au sol uniquement par les racines. Elle est issue de la germination d'une graine et pourra être repiquée, plantée.

La particularité de la plante est le collet, partie située près de la surface du sol (entre la tige et les racines), séparant les deux systèmes de rameaux :
- *l'appareil foliaire,* aérien, vert, croissant vers le haut : une seule tige – et des feuilles (et selon les saisons, s'ajoutent des fruits ou fleurs) ;
- *l'appareil radiculaire,* racine croissant vers le bas, organe souterrain, comprenant une racine principale et des racines secondaires.

Ces deux appareils communiquent par deux systèmes de vaisseaux :
- *ceux du bois,* qui transportent la sève brute des racines jusqu'aux feuilles ;
- *ceux du liber* (pellicule sous l'écore du tronc et des branches), par où est transmise la sève élaborée des feuilles à toute la plante, racines incluses.
- Par ailleurs, en coupant le collet, on provoque la mort des deux parties ou seulement celle de la partie aérienne.

Les plantes comme les animaux, disposent des propriétés suivantes : se nourrir, se développer et se reproduire. - Elles fournissent des aliments aux animaux, transforment les matières minérales issues du sol, absorbent le carbone de l'air, deviennent ainsi propres à être consommées par les herbivores qui seront à leur tour, mangés par les carnivores qui rendent à la terre les matières premières. Elles constituent donc un chaînon indispensable à la vie sur la terre.

Nombreuses sont les plantes sur la surface du globe :
1°/ les plantes vasculaires possédant des racines, pouvant avoir des fleurs ; elles sont pourvues de vaisseaux qui leur permettent d'absorber l'eau, de la faire circuler...
2°/ les plantes nommées thallophytes, non vascularisées, sans feuille, sans fleur, ni tige, ni racine (appelées aussi « plantes inférieures » : bactéries, champignons, algues ...

Les divisions obtenues se subdivisent à nouveau. Ainsi une plante déterminée appartient à une variété, une espèce, un genre, une tribu, une famille, un ordre, une classe.

- plantes fourragères,
- plantes industrielles :
    - aromatiques (pour la cuisine : thym..)
    - à parfum (essence...)
    - à textiles (lin...)
    - tinctoriales
- plantes oléagineuses
- plantes potagères...

*

ENCYCLOPEDIE DES PLANTES

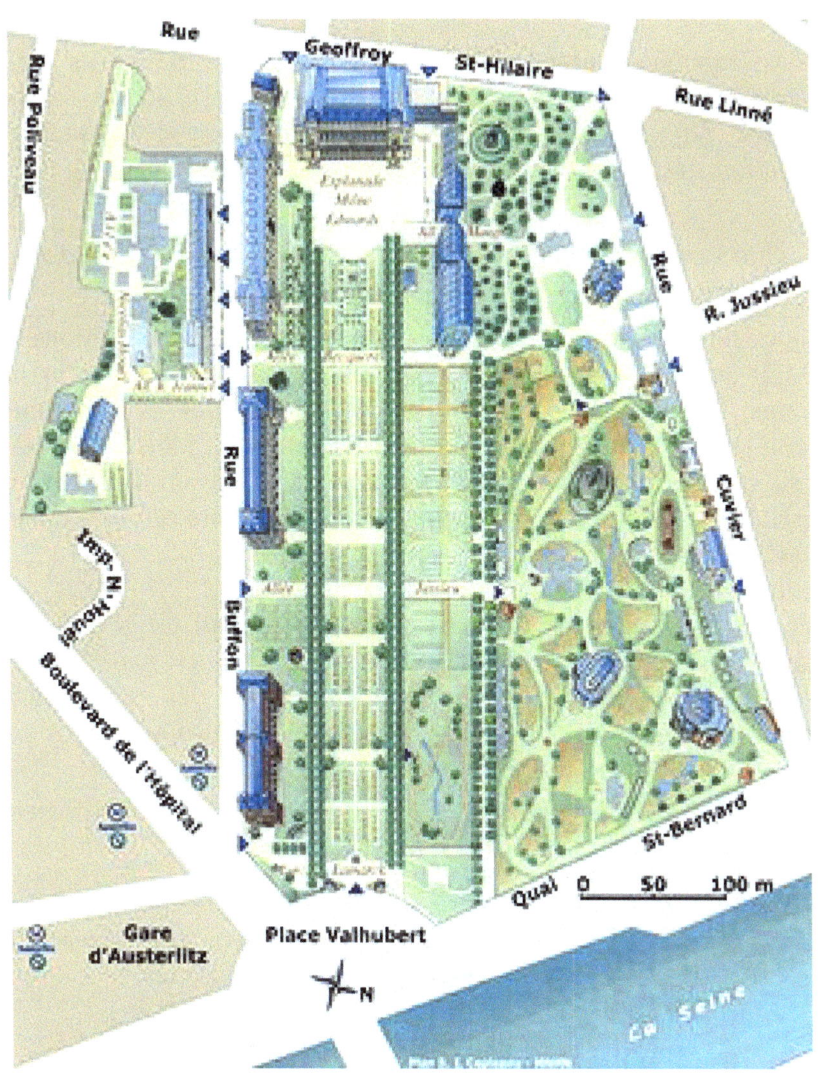

« *le Jardin des Plantes, à Paris, France* »   d.p.   Auteur Spiridon Manoliu
Wikipédia

Les Abeilles ?

Il existe 20 000 espèces d'abeilles, de guêpes, de bourdons dans le monde mais c'est la disparition de l'espèce quasi-unique : *l'abeille mellifère,* qui inquiète ! Les dangers proviennent des insecticides, fongicides, désherbants...

Selon Vincent Tardieu, « pour protéger les abeilles, il faudrait recourir à l'agroécologie....

« le bouleversement de paysages agricoles devenus trop homogènes réduit aussi le temps de butinage puisque tout fleurit en même temps. Le « service rendu » par les insectes pollinisateurs s'évaluerait à plus de 150 milliards d'euros par an. Mais les abeilles sont aussi porteuses de symboles. Leur organisation sociale nous fascine et ce sont des sentinelles : leur état reflète celui du milieu où elles évoluent. » (propos recueillis par O.L.N)...

Encore que le climatologue Hervé Le Treut, qui dirige l'Institut Pierre- Simon-Laplace, précise que «... Le système est extrêmement complexe. Il met en branle les océans, les circulations atmosphériques, la biodiversité, le cycle de l'eau. On ne sait pas comment ils vont interagir. »

... sous l'effet du réchauffement, le climat provoquera des réactions en chaîne imprévisibles.

Il mise sur une compréhension croissante des phénomènes en jeu et une capacité accrue à diagnostiquer la suite des événements... Pour enrayer les prévisions les plus pessimistes,
il faudra limiter la hausse des températures à 2 degrés :
« Il faudra engager absolument une mutation énergétique mondiale, qui divisera par deux les émissions de gaz à effet de serre à l'horizon de 2050. »

« *Spécial L'Express 60 ans, 2013/2073, la Planète* » - n° 3230 du 22 mai 2013.

*

« Les choux décoratifs, à Noël, au Jardin potager du château de Villandry »

*

« Mon Jardin n'excite pas la faim, il la satisfait.
« Il n'augmente pas la soif à force de boire,
il l'apaise en lui donnant gratuitement son remède naturel,
et… c'est dans ces plaisirs que j'ai vieilli »
Epicure.

*

L'agriculture écologique productive va dans ce sens,

l'Agriculture durable
(...avec la rotation des cultures : grâce à l'apport d'azote de la
première rotation qui favorise la suppression d'engrais
chimiques)...
mais aussi l'Agroforesterie...

L'agriculture durable sera cette agriculture productive, plus compétitive préservant de plus l'environnement... il s'agira d'un agriculture qui, après une transition, permettra une qualité retrouvée du sol, de l'eau, de l'air... donc la protection des biens environnementaux... le respect des territoires ruraux. Une terre que vos enfants retrouveront intacte.

*

15

Faire de l'agriculture
durable, du jardinage
écologique,
c'est réussir une culture en parfaite osmose entre l'homme
et la nature, une culture qui produit des produits « bio »,
« écologiques », particulièrement respectueux de l'environnement…

Ce que nous mangeons nous construit !
Il est donc important de faire de notre potager un endroit privilégié
où les végétaux se développeront de manière harmonieuse, dans leur
univers…

Or, cultiver des légumes nous demande parfois d'utiliser des
produits divers avant leur maturité…. des engrais, des
insecticides ! Mais sachant que les légumes subissent directement
l'impact de leur environnement, il est bon de faire en sorte que ce
que nous leur distribuons soit fabriqué à base d'éléments naturels,
souvent par nous-mêmes, sur le terrain d'ailleurs !

Donc, il faudra savoir oublier les produits chimiques tels
qu'engrais, insecticides, herbicides, toxiques pour les plantes et
parfois pour l'utilisateur lui-même….

Ce type de jardinage est riche d'enseignements
que nous ont laissés les anciens et les produits récoltés, sains,
profiteront à la santé de la famille.

*

> « La terre pénètre en nous avec chaque bouchée
> que nous mangeons »,
> Paracelse (1493-1541), médecin suisse,
>
>
> qui pense qu'il y a une correspondance entre le monde extérieur (macrocosme) et les différentes parties du corps humain (microcosme).
>
> D'après lui, les éléments primordiaux du genre humain sont au nombre de 3 : le mercure, le sel, le soufre.
>
> La maladie est causée par le désaccord ou le déséquilibre entre ces éléments !

ENCYCLOPEDIE DES PLANTES

17

Aureolus Theophrastus Bombastus von Hohenheim, dit Paracelse, est né à Einsiedeln (Suisse) en 1493. Son père, de famille noble, était médecin.

« Représentation authentique de Paracelse. Cette gravure qui fut probablement réalisée en connexion avec les *Écrits de Carinthie* fut régulièrement reproduite »

d.p.   Thraxas-Commonswiki

(en Carinthie, Autriche où, à l'âge de 12 ans, il séjourne avec son père, médecin qui lui enseigne la médecine avant son entrée à l'Université de Ferrare. Son diplôme en poche, il parcourt l'Europe, allant d'une ville à l'autre, d'un malade à l'autre).

«Chacun doit s'exercer afin d'arriver à connaître, dans et par l'action, ce qui, en lui, se trouve célé ; car dans le repos, sans l'action, il ne le saurait jamais. Personne n'est privé de don, ni l'homme bon, ni l'homme méchant... »

« L'homme, écrit-il, figure un pépin et le monde la pomme ; et comme nous pensons les pépins au sein de la pomme, il convient de penser l'homme dans le monde qui l'entoure. »

« Ainsi parlait Paracelse » Editions Arfuyen (3/10/2016).

*

PREMIERE PARTIE

Le jardinage écologique, des plantes et des fleurs

Le premier texte sur les plantes était en argile !

ENCYCLOPEDIE DES PLANTES

21

« Les Graminées »
Photo Simone Mounier, le Biollay-Chambéry,
Savoie – France

22

Chapitre 1

> *« Sous le chapeau d'un paysan, est le conseil d'un prince. »*
>
> Aulu-Gelle (Erudit latin du 2ème siècle)

Parvenir à ce jardinage écologique

c'est reconnaître qu'il y a d'abord un terrain à préparer
soigneusement à partir,
soit d'un terrain ayant été traité précédemment à l'aide
d'insecticides, soit d'un terrain ayant bénéficié d'une agriculture
naturelle, soit un taillis, une friche...

Pour chacun d'eux, la préparation sera différente afin d'obtenir
un sol totalement propre, prêt à être ensemencé...

Avant toute chose, le sol sera ameubli : en effet, les végétaux
auront besoin d'un sol riche en micro-organismes actifs
destinés à les nourrir et les aider à mieux vivre,

un sol riche en humus...

Comment se développent ces micro-organismes ? ils auront
besoin, tout d'abord, de l'adjonction d'engrais ou fertilisants
(qui seront naturels) puis par la suite, ils se développeront
normalement grâce à

la rotation ou modification de l'ordre des plantes...

*

Chapitre **2**

La préparation du terrain
pour protéger la vie des sols, la biodiversité.

A/ les outils avant toute chose

La particularité du jardinage écologique est qu'on ne retourne que la couche superficielle du terrain, ce qui simplifie la préparation. Cette technique a pour effet d'aérer la terre sans travailler en profondeur, afin de ne pas détruire la vie végétative très importante pour le développement des plantes.

« à éviter le motoculteur qui ne respecterait pas les couches vivantes du sol et vos précieux alliés pour ce type de culture, les vers de terre... *sauf peut-être pour les grandes surfaces* - mais, le poids de l'engin et les passages répétés risquent de créer une « semelle de labour » compacte sous la terre *: ce serait une barrière pour les racines des plantes... »*

(visitez le très intéressant blog de Nicolas, Toulouse, « le PotagerDurable.com»)

*

LA SOLUTION IDEALE est le « non travail du sol » appelé aussi « technique sans labour »

Pour ce faire :
- il faut appliquer sur toute la surface, la technique suivante :
- garder le sol couvert par des végétaux toute l'année avec des cultures et paillis... permettant de conserver un sol humide,
- ajouter du compost maison,
- faire du compostage de surface (ce qui est très intéressant pour la terre) :
  • déposer les végétaux (coupés fins) directement sur le sol
  • qui se décomposeront et amélioreront la terre,
  • cela se fera toute l'année pour garder un sol vivant ;
  • ainsi, après une culture, les tiges des plantes, non consommables, pourront être coupées fines sur place...

« Le jardinier doit avoir une hygiène indispensable :

ses mains et ses outils transportent toutes les maladies

des végétaux pouvant être transmises

d'un végétal à un autre ! »

« Il devra alors utiliser l'eau de Javel ou la flamme ! »

*

La transformation du terrain

La préparation du terrain que vous destinerez au potager biologique, devrait avoir lieu en septembre, à votre rythme, pour obtenir au printemps, un terrain à cultiver... Vous laisserez se décomposer les feuilles tombées : elles favoriseront un supplément d'humus.

B/ La transformation

a/ à partir d'une friche

Les friches sont des terres abandonnées où les mauvaises herbes, les ronces se sont installées. Elles ont été fertilisées spontanément, renfermant, de ce fait, une quantité d'azote et enrichies d'une quantité de bactéries.

Ce qui est intéressant, dans ce cas, c'est qu'à partir d'un terrain en friche, le jardin biologique qui s'en suivra, sera presque immédiatement productif.

« Il est absolument nécessaire avant de labourer un terrain ayant été auparavant inutilisé, d'obtenir un défrichement total, car les végétaux nuisibles qui resteraient dans le sol se décomposeraient et nuiraient à sa fertilité ».

Un terrain avec des broussailles... c'est un terrain avec des ronces, des taillis. Vous séparerez les éléments :

27

    — les plus gros branchages seront mis à l'écart et brûlés.... les cendres seront dispersées ultérieurement sur les cultures ou ajoutées au tas de compost ;

    — les autres matières seront placées directement sur le tas de compost.

Un terrain avec des arbustes...

    — si ceux-ci sont situés dans un endroit gênant, vous les déracinerez avec soin (sans aller trop profondément   dans le sol) et les replanterez dans un coin du jardin afin d'en faire une haie par exemple !

« Une friche à surveiller ! »

Photo Josiane Cochini, Apremont, Savoie – France

b/ à partir d'une champ ou d'une prairie

— Là, il s'agit d'une surface qui pourrait comporter des arbustes aux branchages plus ou moins gros : s'ils sont importants, vous les brûlerez (conservant les cendres pour les répandre sur les cultures ultérieurement ou les ajouter au tas de compost) ;

— mais cela pourrait être également une surface de terrain avec toutes sortes d'herbes, de plantes (que vous ne brûlerez en aucun cas !) :

— à l'aide de votre râteau, vous « démêlerez » les plantes après les avoir coupées au sommet,

— puis, à l'aide de la houe ou de la bêche, vous soulèverez les « plaques » de racines ou les touffes d'herbes recouvrant le sol (en évitant de marcher dessus afin qu'elles ne se développent à nouveau dans le sol).

Si le chiendent recouvre votre terrain

> Le chiendent est une espèce de graminée très commune, « *le triticum repens* », qui cause de grands ravages dans les cultures par la facilité avec laquelle elle se propage et par la difficulté à la détruire.

Les différentes espèces se ressemblent par les dommages qu'elles causent : leur végétation rapide fait qu'un seul pied a vite envahi un espace considérable. Leurs racines peuvent parfois atteindre 3 m de profondeur ; comme il s'agit de plantes vivaces, le moindre tronçon de rhizome suffit pour les propager.

Les labours multiples subis par la terre peuvent même

favoriser leur invasion... *si l'on n'a pas pris soin d'enlever les débris.*

Pourquoi les anciens ont-ils appelé cette plante, chiendent ?

Peut-être a-t-elle été ainsi nommée à cause de l'habitude qu'ont les chiens de s'en purger ? Ou peut-être est-ce dû au fait que certaines griffes qui croissent sur sa racine, ressemblent à des dents de chien ?

Si vous souhaitez faire de votre terrain, un potager, vous devez nécessairement les éliminer !

> Le chiendent est la mauvaise herbe par excellence mais peut avoir son utilité si elle pousse dans un terrain
>
> qui restera inutilisable pour la culture.

> **Voici une manière d'éliminer les plantes à racine pivotante,**
>
> – après avoir ouvert le centre de vos plantes : vous déverserez à l'intérieur,
>
> un désherbant sélectif, biologique,
>
> et, après quelques jours, vous arracherez l'herbe qui sera alors morte...

*

c/ à partir d'un terrain qui a absorbé des produits chimiques

c'est un terrain fatigué, affaibli, qui devra petit-à-petit renaître à l'aide d'adjonction d'engrais organiques que vous ajouterez par petites quantités répétées.

–   Il pourra s'agir, dans ce cas, d'une conversion longue, pouvant aller jusqu'à trois ans : cependant, après quelques années, au lieu du labourage d'automne, quelques « coups de griffe » au printemps (avant les semis) suffiront.

C/ Le taux d'humus

Il est bon, lors du démarrage d'un jardin potager, après qu'il ait été complètement préparé, de faire analyser le taux d'humus dans le sol... pour connaître la qualité du terrain.

L'humus d'un sol provient de sa décomposition ; la fermentation des matières donnent naissance à des produits minéraux (gaz carbonique, eau, ammoniaque, nitrate...) ainsi qu'à des résidus organiques hydrocarbonés.

Afin d'obtenir le taux d'humus

1/ vous pourrez envoyer un échantillon de votre terre à un *laboratoire agronomique (il y a un laboratoire par département)* qui vous fournira les renseignements précis quant aux résidus de produits toxiques s'il y en a, et surtout le

PH : Potentiel Hydrogène des terres (soit acides, soit basiques...).

2/ cependant, les grainetiers possèdent – également – des testeurs que vous pourrez utiliser...

Selon les résultats, des rééquilibrages pourront être apportés à l'aide d'engrais. Tous les sols cultivés renferment de l'humus : les bonnes terres arables peuvent en contenir 3 à 6 %, les terres de jardin, qui reçoivent une bonne fumure, peuvent en contenir beaucoup plus.

La nutrition des plantes est favorisée par l'humus qui, par ailleurs, leur constitue une réserve alimentaire.

« Semez et plantez quelque jour, quelque quartier de lune que ce soit ! Je vous réponds d'un succès égal de vos semences et de vos plants pourvu qu'ils ne soient point défectueux, que votre terre soit bonne, bien préparée et que la saison ne s'y oppose pas ». *Jean-Baptiste de La Quintinie (1626/1688), avocat, jardinier, agronome ; créateur du Potager du roi, à Versailles.*

D/ La rotation des cultures, l'assolement

En agriculture ou simplement en jardinage, c'est une technique culturale intéressante qui a pour objet d'améliorer la fertilité des sols donc augmenter les rendements.

Lorsqu'il y a rotation des cultures, c'est une succession

de cultures qui se reproduira dans le temps, qu'elle soit

biennale, triennale, quadriennale ou plus parfois...

La rotation des cultures a des avantages certains :

    – elle permet de rompre le cycle vital des organismes nuisibles, que ce soit les champignons, insectes ou petits rongeurs, etc...,

    – elle permet de mieux contrôler les adventices (plantes indésirables où elles sont, communément appelées « mauvaises herbes »...),

    – elle permet de cultiver des plantes de familles différentes ou de systèmes radiculaires différents –

    – ou, simplement, de choisir des cultures de printemps et des cultures d'hiver...

    – Ce système de rotation permet, de plus, la diminution de l'utilisation d'engrais ou de pesticides... ce sera de ce fait, une économie importante pour l'agriculteur.

    – Enfin, il y aura petit-à-petit l'abandon du travail du sol et sa fertilité retrouvée, d'où un travail agricole plus facile et une augmentation des rendements...

Idées de rotation

Sachant que l'assolement se fera toujours de la même manière : entraînant en premier lieu, la division de la surface du terrain en 4 parties qui seront traitées séparément...

Les éléments primordiaux pour les plantes sont l'eau et l'azote.

    a) pour les grandes surfaces, bien nettoyées

ENCYCLOPEDIE DES PLANTES

33

1 – Josiane Cochini, Apremont, Savoie   2- Simone Mounier, le Biollay, Savoie
3 – Y.Quero, Saint-Suzanne de la Réunion, Île de la Réunion.

1 – il faut semer en premier lieu (à choisir en fonction du climat...) - *des légumineuses* (les légumineuses qui enrichiront le sol   en azote, au bénéfice des cultures suivantes...)

2 – ensuite, la rotation s'effectuera :
- en semant *des graminées*, des cultures exigeantes en azote : blé, colza, maïs, betterave...

puis :
- en sols superficiels, *des légumineuses :* féverole, pois, lupin... ou trèfle violet... ;
- en sols profonds, *des céréales* telles que l'orge, l'avoine, la triticale...

3 – enfin : pour terminer *des cultures nettoyantes, peu exigeantes :* sarrasin, seigle...

b) pour les jardins potagers, l'assolement aussi...

Là, également, la rotation des cultures est souhaitée. En tout premier lieu, le jardinier divisera son jardin en 4 soles sans oublier, dès le début, une surface disponible pour la fabrication de l'engrais... Ce sera une organisation nouvelle qui permettra petit-à-petit de régénérer le sol parce que, planter chaque année la même plante au même endroit, a pour résultat d'épuiser le sol à la même profondeur !

Grâce aux légumineuses qui enrichissent le sol en azote, les légumes-feuilles qui ont besoin de beaucoup d'azote prendront la place laissée libre par celles-ci...

35

Les graminées / légumineuses se répartissent entre

1 – les légumineuses « comme légumes » : les haricots, pois, fèves, lentilles...

2 – les légumineuses « comme producteurs l'huile » : soja, arachide... avec, comme sous-produits, les tourteaux pour l'alimentation du bétail...

3 – les légumineuses « comme fourrage » : trèfle, luzerne, sainfoin, mélilot, vesces, gesses...

4- les légumineuses « comme fertilisants » (les racines des légumineuses présentent des nodosités qui contiennent des bactéries fixant l'azote atmosphérique)...

Les légumes dits « feuilles » : les choux, salades, mâche, épinards... se plaisent en compagnie des solanacées comme les tomates, pommes de terre, poivrons, aubergines.

Les légumes dits « racines » : les carottes, panais, radis, betteraves, navets, s'associent à merveille avec les légumes   dits « bulbes » comme les oignons, échalotes, ail.

Les légumes dits « fruits » : les melons, courges, potirons, citrouilles et concombres...

1 - « le trèfle blanc, légumineuse fourragère » ; est distribué sous licence CC BY-SA 3.0   Util. Fanghong

2 - « plans de soja » ; est distribué sous licence CC BY-SA 2.5.   Auteur : Fritz Geller Grimm -   Wikipedia

*

37

Exemple de rotation de cultures,

pour une durée de 4 années : sur chacune des 4 soles

du terrain seront plantés...

(dans chaque catégorie : les légumes sont cités à titre d'exemple !)

a) première sole :

1ère année :

légumineuses (haricots, pois, fèves ou   lentilles...),

2ème année :

 légumes-feuilles (mâche, choux, salades, épinards...),

3ème année :
légumes-fruits (tomates... melons, courges, potirons,
    citrouilles et concombres...),

4ème année :
légumes-racines (carottes, panais, radis, radis,
    betteraves, navets qui s'associent à merveille avec
    les légumes dits «bulbes » comme les oignons,
    échalotes, ail...).

b) seconde sole :

1ère année :

 légumes-racines (carottes, panais, radis, betteraves, navets

qui s'associent à merveille avec les légumes dits
« bulbes » comme les oignons, échalotes, ail...),

2ème année :
légumineuses (haricots, pois, fèves ou lentilles..),

3ème année :
légumes-feuilles (choux, salades, mâche, épinards...),

4ème année :
légumes-fruits (tomates... melons, courges, potirons,
    citrouilles et concombres...).

c) troisième sole :

1ère année :

légumes-fruits (tomates... melons, courges, potirons,
    citrouilles et concombres...),

2ème année :

légumes-racines (carottes, panais, radis, betteraves, navets
    qui s'associent à merveille avec les légumes dits «
    bulbes » comme les oignons, échalotes, ail...),

3ème année :
légumineuses (haricots, pois, fèves ou lentilles..),

39

4ème année :
légumes-feuilles (mâche, choux, salades, épinards...),

d) quatrième sole :

1ère année :

légumes-feuilles (mâche, choux, salades, épinards...),

2ème année :
légumes-fruits (tomates... melons, courges, potirons,
    citrouilles et concombres...),

3ème année :

légumes-racines (carottes, panais, radis,   betteraves,
    navets qui s'associent à merveille avec les légumes dits «
    bulbes » comme les oignons, échalotes, ail...),

4ème année :

légumineuses (haricots, pois, fèves ou lentilles...).

*

Pourquoi l'azote doit primer ?

L'azote est un constituant majeur de la matière vivante. - venant juste après le carbone.

En fait, les animaux ne l'utilisent que par le biais des matières organiques dont ils se nourrissent.

Les végétaux, au contraire, utilisent pour leur nutrition, l'azote minéral.

« Ils assimilent les nitrates et sels d'aluminium de la solution du sol, par les racines ».

Par contre, s'il y a carence, la plante deviendra insuffisamment développée, les feuilles jauniront car déficit de synthèse de la chlorophylle.

*

41

D'où provient l'azote et

conséquences des excès d'azote, de nitrates...

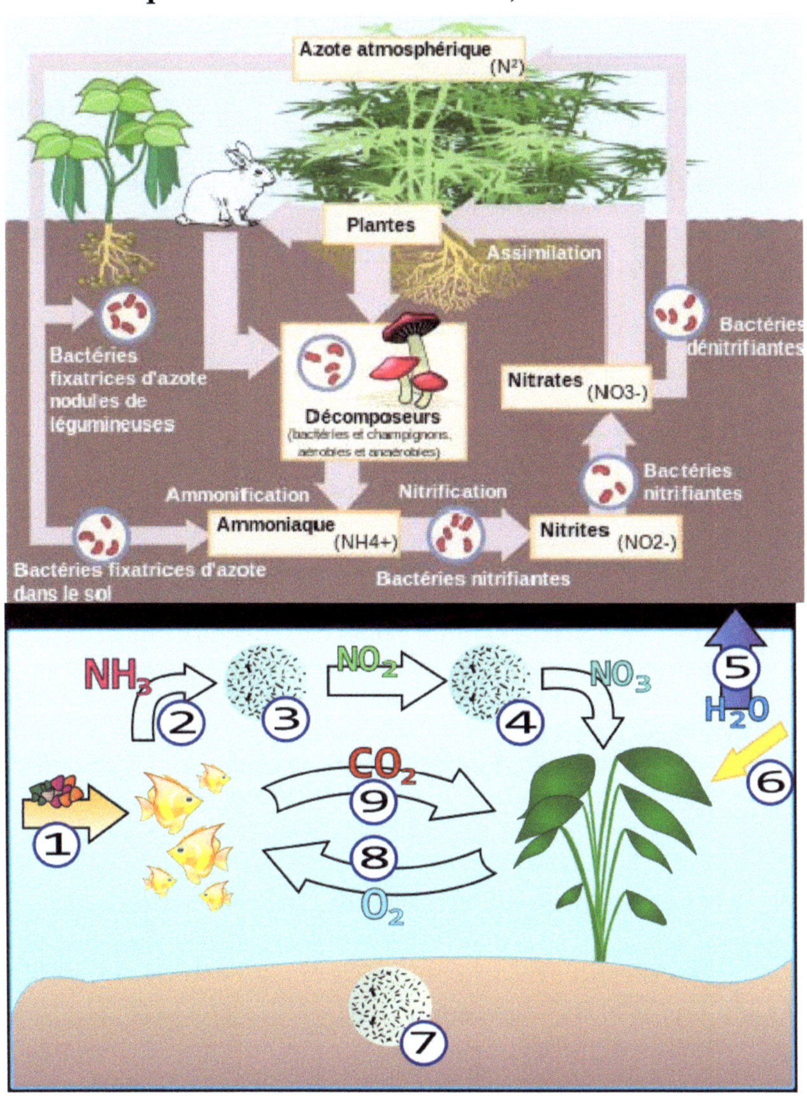

42

page précédente :

1 - « Le cycle de l'Azote dans le sol » ; est distribué sous licence CC BY-SA 3.0   Tel. par Nojhan.

L'azote

provient essentiellement d'animaux et, sous la forme de guano, d'excréments d'oiseaux ou de chauve-souris mais aussi, un peu, des déchets industriels.

Les nitrates (nitrates de potassium, nitrates de sodium, etc...)

contiennent de l'azote qui est un des constituants de la croûte terrestre.

2 - « cycle de l'azote dans un Aquarium :

1- Nourriture et nutriments ;   2 – Production d'urée et d'ammoniac ; 3 – Ammoniac....... nitrites (Nitrosomonas) ;   4 - Nitrites ...... nitrates (Nitrospira) ; 5 - Evaporation ;   6 - Lumière ;   7 - Sol ;   8 - Oxygène ;   9 - Gaz carbonique - » ; est distribué sous licence CC BY 2.5. - dérivative work : Mouagip   Wikipédia

<u>Le cycle de l'azote dans l'aquarium</u> : Légende - (1) Ajout de nourriture et de nutriments ; (2) Production d'urée et d'ammoniac par les poissons ; (3) Conversion de l'ammoniac en nitrites par les bactéries du genre Nitrosomonas ; (4) Les nitrites sont convertis en nitrates par les bactéries du genre Nitrospira. Les nitrates, moins toxiques que les nitrites et l'ammoniac, sont consommées par les plantes. Le renouvellement périodique de l'eau élimine les nitrates en excès ; (5) Evaporation ; (6) Lumière ; (7) Terrain ; (8) O2 produit par les plantes ; (9) CO2 produit par les poissons.

*

les Légumineuses arbustives... *(la production ou la fixation d'azote) :*

–   la luzerne arborescente (Medicago arborea), appréciée par les lièvres et les chevreuils,

–   le pois de Sibérie, petites gousses très appréciées des volailles),

– pour régions chaudes : la Tagasaste (Chamaecytisus

*

43

Palmersis ou arbre luzerne) : très mellifère...

– le faux indigo (Amorpha fructicosa) : arbuste intéressant pour nourrir les animaux, moutons, chevaux ; très résistant à la sécheresse,

– le mûrier, intéressant pour les volailles mais tous les animaux viennent en manger,

– le margousier a des propriétés insecticide/insectifuge pour 300 espèces d'insectes environ)... mais il est aussi mellifère.

Emmanuel Chemineau, petit extrait d'une journée de formation de « Sol de Vie ». www.journées.paysannes.org

*

1 - « mûrier noir » ; est distribué sous licence CC BY-SA 3.0,   Auteur Sten.

2 - « fruits du mûrier » ; est distribué sous licence CC BY 2.5   Auteur Fanghong
Wikipédia

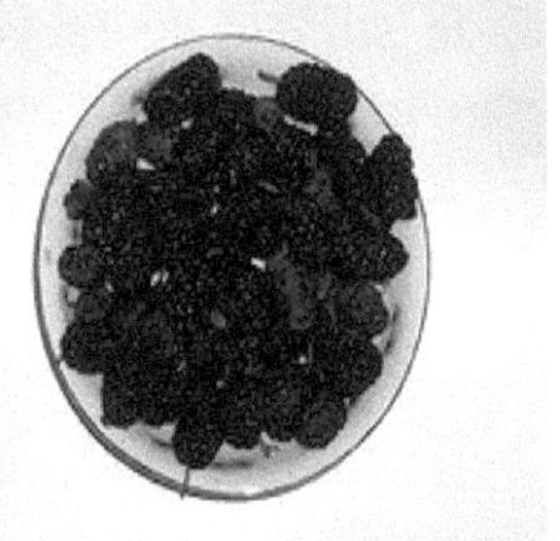

*

44

E) Le choix de l'Agriculture Durable

Pour être reconnue durable, cette agriculture doit respecter les règles de conduite suivantes :

- ***les contraintes*** *relatives au respect du sol,*

la conservation du sol,

1) - tout d'abord, en agriculture, la nécessité *d'éviter l'usage dispersif des métaux* qui sont nuisibles à longue échéance ...

- *le tellure,* sous forme de *tellurure d'alkyle,* comme fongicide / algycide / parasiticide : (fongicide pour le traitement du blé ; l'algycide pour éviter la prolifération d'algues ; parasiticide pour la destruction des insectes parasites, utilisé en poudre ou en pommade).

- *le sulfate de scandium (Sc2 (SO4)* ou *l'oxyde de scandium* comme agent de germination (il stimule la germination et la croissance des jeunes plantes) ;

- *le sulfate de nickel (NiSO4)* ou *le nitrate d'argent (AgNO3),* en solution très diluée, pour garder la fraîcheur des fleurs coupées,

- *le manganèse (sous forme de KmnO4)* est utilisé contre les parasites chez les poissons,

- *le chlorure de cobalt (CoCl²)* sert d'agent moussant, de stabilisateur pour la bière,

- *l'aluminium* sert de colorant, par exemple pour les sucreries *(additif El73),*

- *iodure d'argent (Agl)* est utilisé pour déclencher les

> pluies.
>
> *Tableau issu du livre « Quel futur pour les métaux ? Raréfaction des métaux : un nouveau défi pour la société, chapitre « florilège d'usages dispersifs ». Benoit de Guillebon, Philippe Bihouix...*

2) **« les pesticides et les métaux lourds** : ce sont les deux principaux *polluants*, rejetés dans l'environnement, qui finissent dans nos assiettes, à plus ou moins long terme.

Jean Maherou, 03/03/2014 (Association Santé environnement France) ;

3) ... et **la production agricole** est partiellement responsable de trois des plus importants « gaz à effet de serre » : *dioxyde de carbone, le méthane, la protoxyde d'azote* (le plus puissant à fort potentiel de réchauffement), entrant dans les engrais et qui ont des conséquences sur les aliments ;

4) **les boues** : *« la Directive n° 86-278, du 12/6/1986 relative à la protection de l'environnement et notamment des sols, lors de l'utilisation des boues d'épuration en agriculture – (JOCE du 4/7/86) ». Organisme : INERIS, Ministère de l'Ecologie et du Développement... :*

> – il a pour objet de réglementer l'utilisation des boues, considérant que les boues d'épuration en agriculture, peuvent avoir des effets nocifs sur les sols, la végétation, les animaux et l'homme.
>
> Les boues doivent être **traitées avant** d'être utilisées en agriculture - un certain délai doit être respecté avant l'utilisation des boues et la mise en pâturage des prairies, la récolte des cultures fourragères

- ou de certaines cultures normalement en contact du sol et consommées à l'état cru ;

- ...que l'utilisation des boues sur des cultures maraîchères et fruitières en cours de végétation, doit être interdite.

- L'Etat réglemente l'utilisation des boues et le traitement, (issues de station d'épuration, d'eaux usées, etc...)

- de telle sorte que l'accumulation de métaux lourds dans le sol ne conduise pas à un dépassement des valeurs limites visées au point 1.

Ces boues d'épuration proviennent des stations d'épuration destinées à produire des eaux purifiées, naturelles de qualité (c'est un sous-produit inévitable composé d'eau et de matières organiques et minérales). Une fois traitées, ces boues (riches en phosphore) seront destinées à l'agriculture (avec l'azote), la mise en décharge ou seront incinérées...

La biodiversité

La biodiversité, contraction de biologique et de diversité, représente la **diversité des êtres vivants et des écosystèmes** : la faune, la flore, les bactéries, les milieux mais aussi les races, les gènes et les variétés domestiques. Nous autres, humains appartenons à une espèce – Homo sapiens – qui constitue l'un des maillons de cette diversité biologique.

Mais la biodiversité va au-delà de la variété du vivant ! Cette notion **intègre les interactions** qui existent entre les différents organismes précités, tout comme les interactions entre ces organismes et leurs milieux de vie. D'où sa complexité et sa richesse. *Ministère de l'écologie, du développement durable, de l'énergie.*

*

Il est entendu que la conservation de la biodiversité *garantit* la sécurité alimentaire, la nutrition ; elle *améliore* la qualité, l'adaptant aux nécessités environnementale et socio-économique - dans le but *d'écosystèmes* en bonne santé. Les services que la biodiversité fournit sont particulièrement *dirigés vers* la réduction de la pauvreté, de la malnutrition, portent un *regard* sur les secteurs économiques dont l'agriculture, la foresterie, la pêche, la santé, la nutrition, l'énergie, le tourisme et également des pâturages qui doivent l'objet d'attentions.

Le maintien de la biodiversité est un enjeu primordial.

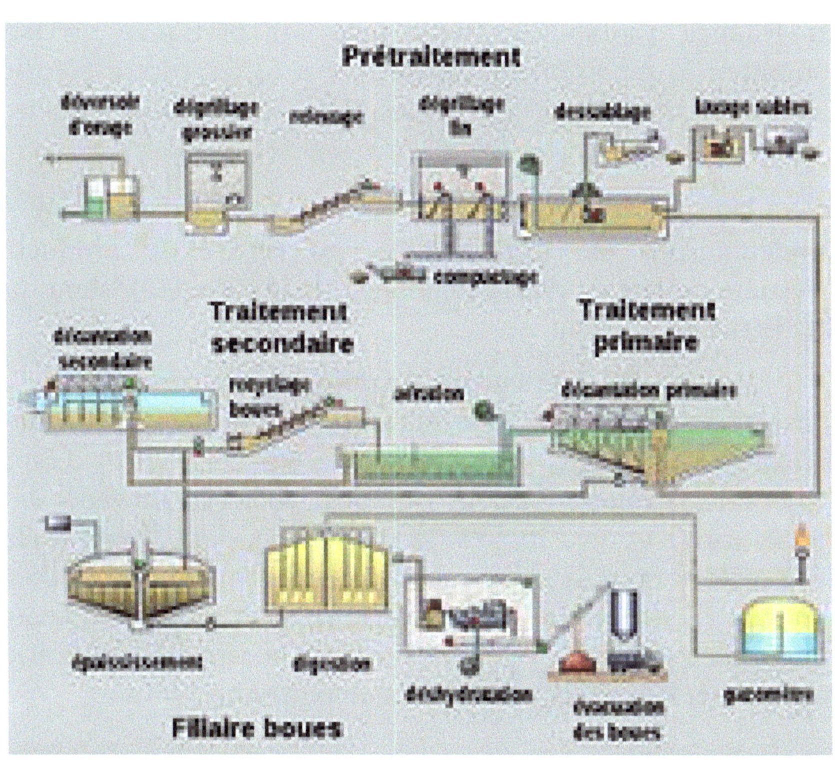

48

*

Un exemple de productivité dans une ferme chinoise familiale...

Le respect de l'environnement

« ... Les Chinois s'enorgueillissent, à leur tour, de leurs efforts en faveur de la promotion de l'environnement agricole. En 1991, le village de Xiaozhangzhuang, situé dans la plaine du Huabei, dans la province de l'Anhui, a reçu le prix de la protection de l'environnement décerné par les Nations Unies. Dans cette plaine du Huabei, l'agriculture biologique est pratiquée de façon courante : le reboisement est destiné à lutter contre l'érosion. Grâce aux innovations, des villages naguère pauvres commencent à sortir de la misère.

Une invention originale, qui doit être répercutée rapidement, a été expérimentée au centre de production forestière de Hetao, dans la banlieue de la ville de Bozhou, près du district de Woyang.

Il s'agit de l'agriculture biologique dite domestique qui consiste à transformer une maison en une mini-exploitation agricole, c'est-à-dire une ferme. « Sur 0,02 ha d'espace disponible, l'exploitant a construit ainsi, au centre un vivier de 20 mètres carrés et de 2 mètres de profondeur, dans lequel il élève des poissons dont la vente rapporte annuellement de 2 000 à 3 000 yuans». Des vignes entourent le vivier et produisent chaque année, plus d'une tonne de raisin dont le rapport est de 1 500 yuans. A côté du vivier, se trouvent un pigeonnier et une porcherie sur le toit de laquelle est juché un poulailler : l'ensemble permet d'élever une quarantaine de pigeons, une dizaine de porcs et une vingtaine de poulets. Sur le toit du poulailler est installé un chauffe-eau à énergie solaire ; une fosse génératrice de méthane a été construite sous la porcherie. Un petit potager assure en toute saison la fourniture de légumes. Les excréments des poulets servent de nourriture aux porcs, ceux de l'homme sont versés dans la fosse à méthane qui fournit le combustible.

Ce « bond en avant » est déjà très apprécié à l'échelle locale. L'éventail d'innovations est constamment élargi (plantation d'arbres fruitiers, culture de champignons comestibles, introduction à l'apiculture, etc...). »

Gabriel WACKERMANN, « Agriculture et Mutations Mondiales » - Encyclopédie Universalis.

*

Chapitre 3

Le jardin potager

A/ Sa conception

Son emplacement

Le potager devra être situé à proximité d'un point d'eau. Pour le mettre en place, il sera souhaitable de l'isoler de la route et de tout terrain nourri à l'aide d'engrais chimiques ou pesticides.

Vous pourrez l'entourer de haies vives qui, de plus, sont recommandées pour le maintien des équilibres naturels.

Sa surface

– Une surface d'environ 100 m2 par personne est nécessaire pour l'approvisionnement annuel en légumes ;
– sur la surface totale du terrain, vous prévoirez un quart ou un cinquième de sa surface pour y planter des engrais verts et y placer l'aire de compostage.

Le plan du potager
(en tenant compte de la rotation des cultures)

Dès le début, il faudrait concevoir clairement la répartition du potager : pourquoi ne pas établir un plan du jardin sur

ENCYCLOPEDIE DES PLANTES

51

dessin Christian ANDRE, « le plan-type du Potager»
(ce n'est qu'un exemple !... et pensez aux légumineuses)

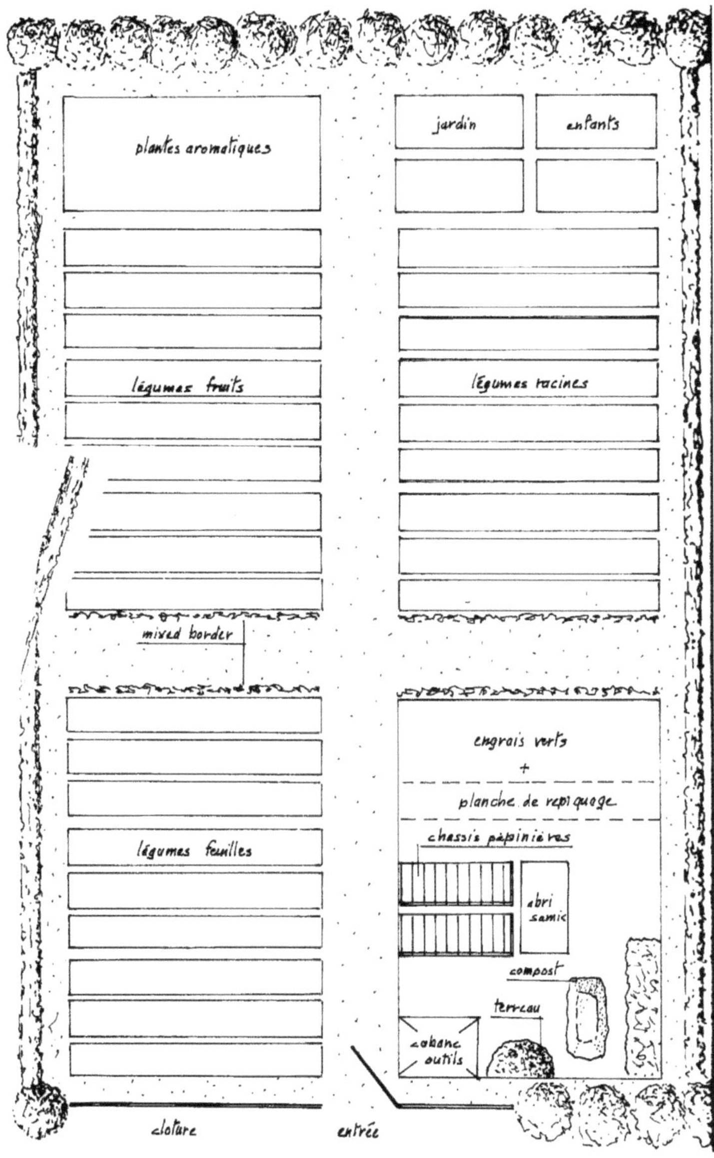

papier, avec les emplacements des cultures et espaces libres, que vous souhaiteriez y voir...

Vous tiendrez compte des différences, à savoir, la place nécessaire pour certains légumes, les temps de pousse...
mais de préférence, vous rechercherez la culture des légumes cultivés ordinairement dans la région ; vous pourrez penser aussi aux légumes aux goûts oubliés, tels que les fèves, panais, cresson de jardin...
– Vous rapprocherez également les plantes «insecticides » (aromatiques par exemple) des plantes potagères, afin qu'elles les protègent par leur présence ;
puis vous penserez à alterner vos cultures : une rotation rationnelle des cultures au même endroit *(cultures – ou éventuellement mulching) pour une « utilisation intelligente des sols » ;*

– enfin, vous réserverez une part de la superficie de votre terrain, à la culture d'engrais verts qui pourront d'ailleurs être semés entre les rangs de légumes.

*

53

Conseils donnés par Columelle, 1er siècle avant J.C.,

dans son ouvrage « De Rura » !

Au fur et à mesure que vous observerez les cultures (vous noterez vos constatations qui enrichiront votre connaissance de la culture écologique) sachant que

— *les carottes, salsifis, pommes de terre ou radis* sont des *légumes - racines ou tubercules*, qui puisent profondément dans le sol les éléments nutritifs ;

— *les légumes-feuilles (salades, fenouil...)* se satisfont de la couche superficielle du sol ;

— *les choux ou épinards* épuisent rapidement le sol, s'ils sont cultivés trop souvent ;

— *les légumineuses* enrichissent le sol d'azote... *les légumineuses : des engrais verts !*
La légumineuse a fixé l'azote qui est relâchée dans le sol, bientôt disponible et captée par la graminée.

— *les plantes aromatiques* repoussent les parasites... (vous pourrez les mettre en bordure de planches ou à côté de légumes) ;

— *les engrais verts* – couvrant le sol : trèfle nain ou gesse chiche (légumes rampants) ;

— *les plantes destinées à être mulchées,* peuvent être semées à proximité immédiate des légumes... compostées sur place : elles serviront pour les cultures à venir.

enfin vous reconnaîtrez les plantes exigeantes qui recevront du compost jeune...

54

B/ L'importance du « Coin-compost »

Le compost, issu de la décomposition de résidus d'origine végétale, provient de la lente décomposition et fermentation... mélangé à la terre, il nourrit régulièrement les plantes ! Ainsi, il y a amélioration du sol, plus facile à travailler : laissant passer l'air et retenir l'eau. Il pourra être en même temps, le fertilisant...

Pour le compost, qui a un rôle primordial dans ce type d'agriculture, il sera bon de prévoir un espace suffisant pour :
- sa fabrication,
- son entreposage,
- une proximité d'un point d'eau ;
- des allées suffisamment larges pour le passage d'une brouette....

Il s'agira d'un coin ombragé, au nord si possible, non exposé au vent : cependant, il faudra éviter de l'installer contre un mur car vous devrez le contourner souvent pour l'arroser.

Pour l'entourage de ce coin-compost, vous penserez à une haie d'arbustes : noisetier, frêne, aulne, fusain, lilas... ou feuillus... le sureau ou le bouleau, mais éviterez la présence de conifères qui nuiraient aux fermentations.

Par ailleurs, à l'emplacement du coin-compost, les touffes d'herbes nuisibles ou non, les « plaques de racines », seront soigneusement ôtées afin qu'elles ne se redéveloppent pas à l'intérieur du compost en composition.

55

Le tas de compost en composition aura besoin d'une base de terre d'une hauteur de 20 cm environ ;

–à l'extérieur ou sous un hangar : vous le recouvrirez de branchages, paille... (ou tourbe, terre) afin de le protéger des intempéries.

Vous récupérerez les matières liquides à l'aide d'un petit entourage de sciure de bois si aucune rigole n'a été creusée.

*

Le carré de choux dans le jardin potager du château de Villandry

56

Le compost sera placé en deux tas

- *le premier tas :* pour le compost en cours de composition, où vous mettrez toutes les matières, en prenant soin qu'il n'y ait ni morceaux de verre ou de fer, ni matières plastiques : « le compost » étant particulièrement précieux – et il sera constamment brassé.

Sur ce tas, vous aurez déposé des épluchures de légume de la cuisine, des feuilles mortes, des cendres, des poussières des sacs de l'aspirateur... jusqu'à une hauteur de 1 m environ...

Une fois la fermentation avancée, vous placerez ce *premier tas de compost sur son aire définitive (qui est le second tas)...*

– *le second tas de compost sera « définitif »,* « prêt à être utilisé » ; comme pour le premier tas, la hauteur maximum sera de 1 m, la largeur de 1 m à 1,2 m environ.

Les tas de compost devront être très souvent arrosés afin qu'ils restent toujours humides, mais sans trop (ou, dans ce cas, vous l'aérerez).

Vous pourrez ajouter, afin que la décomposition soit plus rapide, du fumier très décomposé, des roches broyées, des phosphates ou des préparations bactériologiques ou activateurs pour compost et, sur les faces des couches, un peu de terre de jardin.

Le temps de fabrication du compost pourra demander une dizaine de semaines, parfois plus pour les matières comme la paille, les branchages.

*

C/ Les serres et coffres, châssis...

Tout jardinier devrait avoir une serre, même petite, pour les semis ; les coffres et châssis serviront pour le forçage de certains légumes (endives par exemple...).

les Serres

La serre même petite, est indispensable, pour
    – des expériences en vue de nouvelles cultures ;
    – la culture de légumes d'autres régions, au climat différent ;
    – des semis de plantes rares, délicates ;
    – des bouturages...
Les serres bénéficient du pouvoir diathermane (qui laisse passer la chaleur) ou athermane (absorbant les radiations caloriques) du verre.

Il y a les serres froides, les serres tempérées, les serres chaudes.

*

58

a) les serres froides (entre 3° et 10° maximum)

– elles protégeront les plantes craignant la gelée – (en hiver, un appareil de chauffage ajoutera un peu de chaleur) ; elles seront construites à un ou deux versants – à proximité d'un mur pour protéger du vent ;

– *la serre à un seul versant* sera nécessaire pour les rhododendrons, mimosas...

– *la serre à deux versants* (type « serre Hollandaise », très lumineuse quoique sensible à la température extérieure, donc au froid), est utile pour les plantes de taille moyenne : pélargoniums, fuchsias, que vous mettrez près des parois vitrées ; elle servira aussi pour l'hivernage des orangers, citronniers, cactées... ou les plantes méditerranéennes pour les protéger du gel...

– tout comme pour activer le démarrage des tomates par exemple...

b) les serres tempérées (10° à 14° maximum, grâce à un chauffage permanent)

– elles recevront des végétaux tropicaux qui pourront, d'ailleurs, passer une partie de l'année dehors, lors de la belle saison ;

– elles seront construites sur le modèle de serres froides...

c) les serres chaudes (15° à 30° environ toute l'année grâce au chauffage)

Il sera bon de diviser votre serre en compartiments étanches de manière à placer d'un côté, les plantes demandant une chaleur sèche, de l'autre côté, une chaleur humide.

Ces serres seront destinées presque exclusivement aux plantes tropicales : palmiers, fougères arborescentes mais aussi les magnifiques orchidées ;

   – pour ce type de serre, toutes les formes conviendront pourvu que la lumière y soit abondante ;

   – le chauffage ne sera jamais interrompu : les plantes ne sortant jamais ;

   – la nuit, si le besoin s'en fait sentir, des canisses pourront recouvrir votre serre...

   – toute l'année, vous procéderez à de nombreux « seringages » : manière d'arroser de façon à ce que l'eau arrive en fine pluie sur les feuilles.

d) la serre à multiplication. -

Cette serre sera un véritable petit laboratoire où vous mènerez les semis délicats, les bouturages... les plantes d'ornement... Quelque soit le type de serre, il sera intéressant de l'équiper de claies ou de canisses que vous déroulerez lorsque le soleil deviendra trop important – par ailleurs, la serre sera orientée selon un axe nord-sud, pour éviter le grand ensoleillement l'été.

e) les serres du commerce. -

Des serres sont vendues dans le commerce, souvent composées d'un simple film en plastique tendu sur des arceaux métalliques. Elles peuvent être de grandes dimensions mais dans ce cas, elles nécessiteront un chauffage important.

Cependant, vous pourrez créer, vous-même, une serre plus petite, à armature de bois ou de métal, équipée de vitrage... esthétique même !

f) les coffres, châssis... pour cultures prématurées. -

Pour le forçage, la culture prématurée de légumes, fruits ou plantes, vous pourrez fabriquer un coffre ou châssis, de la manière suivante :

> Vous prendrez un cadre de bois (sans fond ou avec fond suivant l'endroit où vous le placerez) ; vous choisirez la taille par exemple d'1 m à 1,5 m de côté, en fonction de vos besoins, que vous recouvrirez d'un vitrage : *pensez à faire le toit de la serre en pente*
>
> *afin que l'eau de pluie s'écoule...*

> L'énergie solaire pourra vous aider pour chauffer vos serres ! C'est une énergie renouvelable...

> – *Electricité photovoltaïque (solaire)* : à votre fenêtre ou sur votre toit (que les Compagnies d'électricité s'engagent à racheter)...

> – *Chauffage solaire à l'aide de capteurs solaires...* des subventions sont accordées pour la réalisation de ces équipements.

COUCHE à placer à l'intérieur d'un coffre-serre :

– Il s'agit d'un amas de matières organiques d'origine

animale ou   végétale destiné à offrir une source naturelle de chaleur à l'intérieur du coffre.

Si le coffre est placé dans le jardin :
– il sera en contact direct avec le terrain ; vous ajouterez alors, à l'intérieur, une couche faite de débris végétaux, de fumier de cheval ou autre *(ne pas utiliser « frais » mais après l'avoir compostée pendant 6 mois au moins – à des degrés différents selon les matériaux utilisés)* ;

... puis la température se stabilisera...

Nous distinguerons :

La couche chaude : pour l'hiver, jusqu'au printemps (pouvant durer jusqu'à 80 jours),
– composée d'environ 50 cm de fumier de cheval ; la température s'élèvera jusqu'à 25° en quelques semaines.
• *Pour les différentes couches :* **le début de la fermentation s'appelle le « coup de feu », période pendant laquelle la chaleur s'élève...**

La couche tempérée : de décembre au printemps
– faite de feuilles ou de fumier ancien : on y ajoute un   peu de fumier frais ; enfin, les bords intérieurs du coffre devront être regarnis régulièrement de fumier frais afin de le « réchauffer » ; ainsi la température (10 à 20°) durera environ deux mois.

La couche sourde ou froide (ou couche enterrée) : c'est-à-dire sous le coffre...sera préparée dans une fosse creusée, d'une hauteur de 50 cm environ, de la dimension du coffre. Cette méthode est utilisée uniquement quand il n'y a plus de grands froids.

g/ l'abri de jardin

L'abri de jardin, qu'il soit en bois ou en métal, vous sera particulièrement utile pour le rangement des outils, quelque soit la saison.

*
* *

Chapitre 4

Le travail agricole

Les potirons, dans le jardin potager du château de Villandry

A/ Le labour (ou non-labour)

Lorsque qu'en octobre ou novembre, après un total défrichage, s'il y a eu transformation de terrain - ce sera les premiers labours de votre champ ou votre jardin que vous ferez...

> *les inconvénients du labour : le labour produit une « semelle de labour » (couche compacte du sol), nuisant à la couche superficielle de l'humus, exposant parfois le sol à l'érosion.*
>
> *La qualité et la quantité des matières organiques vivantes s'en trouvent perturbées (vers de terre qui aèrent le terrain, champignons, micro-organismes divers ... indispensables à la préparation des sols... et de ce fait, au développement des plantes futures).*
>
> *Le labour à l'aide d'un engin agricole pourra être remplacé par un labour de surface ...*

Lorsque par la suite, vous sèmerez, vous veillerez à laisser, entre les rangées de semis, un espace d'une largeur d'un pas environ – et vous vous aiderez d'une griffe pour effacer les traces de pas que vous pourriez laisser... afin que la terre ne reste pas tassée.

Cependant, un excellent procédé remplace cette méthode : le semis direct ou semis sous couvert... (ex. Semis direct de blé sous couvert...).

B/ La fertilisation

La fertilisation se fera à l'aide d'engrais, de fumures organiques auxquelles vous ajouterez, si besoin, des fumures minérales...

C/ Le compostage de surface

On appelle « *compostage de surface* » : lorsque la couche de compost est répandue sur le terrain... Ce mélange d'éléments végétaux et   animaux se décomposera avant qu'il pénètre dans le sol ; on appelle « *compostage en tas* », lorsque le compost, placé en tas, aboutira, après décomposition, à un riche terreau noir, grumeleux, *à l'« odeur de sous-bois »*...

Au printemps : pour le jardinage biologique qui nous intéresse :

les engrais verts, semés en septembre/octobre (voir chapitre « engrais verts ») seront coupés à deux ou trois reprises pendant l'hiver.... ajoutés au tas de compost ;
    – à l'aide d'une griffe, vous « enfouirez » superficiellement la fine couche de résidus d'engrais verts puis vous pourrez semer immédiatement.

En hiver, sur les plants présents :

afin de les fertiliser en même temps que les protéger, vous mettrez une fine couche de compost ou fumier aéré avant de placer le mulch...

En cours de culture :

entre les rangs de légumes, vous pourrez saupoudrer un compost fait d'herbes fines, après un arrosage...

- Pour les légumes, vous choisirez un type de compost, jeune ou achevé... le compost jeune (qui n'a pas terminé sa décomposition) est destiné aux plantes exigeantes comme les choux, concombres, courges, tomates... (mais sans les arroser !)

- Cependant, le compost servira également en automne, comme sous-couche à un mulch (ou paillis ou paillage) qui doit passer l'hiver, favorisant ainsi l'activité microbienne. Finement réduit, ce sera une sous-couche de 2 à 3 cm ou plus, pour les salades, radis, tomates...

D/ L'arrosage

L'arrosage produit le meilleur effet si la température de l'eau a une température égale à celle de l'atmosphère.

- L'eau sera répandue, sous forme de pluie fine, pour ne pas « déchausser » la plante ou former une mare.
- L'arrosage doit être plus ou moins abondant selon les températures :

- *au printemps :* pendant la chaleur moyennement forte et la végétation en pleine activité, il ne doit pas être très copieux ou trop souvent répété car cela retarderait la végétation en refroidissant la terre – ou en cas de chaleur prématurée : cela aurait pour conséquence, une élongation excessive des végétaux, les laissant sans force   pour supporter les grosses chaleurs des mois qui suivent ;

- *en été :* les plantes devenues assez robustes, peuvent

67

Photo « les Semis », Simone Mounier, le Biollay, Savoie – France

être arrosées en plus grande abondance, le soir de préférence.

- L'eau, qui renferme des principes minéraux (dont le bicarbonate de calcium), les apporte au sol humecté, sous une forme assimilable par les plantes. Elle constitue elle-même, un élément le plus utile de tous.

  La terre sera arrosée sans excès... en effet, un excès d'eau serait très nuisible parce qu'alors le sol, privé d'air, c'est-à-dire d'oxygène, deviendrait un milieu impropre à la végétation.

L'irrigation

L'arrosage des cultures s'appelle «irrigation » lorsqu'on le pratique en « grande culture »...

- L'irrigation remédie à la sécheresse tout en enrichissant le sol de matières dissoutes et des limons... sur des terrains qui auront obtenu des fumures adaptées...

  Aussi, les terres pauvres, soumises à de copieux arrosages, réclament des fumures copieuses surtout lorsque les eaux d'irrigation elles-mêmes ont un pouvoir fécondant faible ou nul : parce qu'elles ne déposent que peu de limon ou de valeur médiocre.

- Le limon, dépôts de terre ou débris organiques qui sont charriés par toutes les eaux naturelles : des matières solides, de la terre, de la vase qu'elles entraînent, qu'elles

« Culture des bettes à côtes rouges, au Jardin potager du château de Villandry »

déposent plus ou moins, dès que leur vitesse ralentit. Ainsi, les eaux pluviales apportent dans les mares, les fossés, les étangs, de fines parcelles terreuses et quand elles débordent, abandonnent en se retirant, une couche épaisse de limon dont le pouvoir fertilisant est variable ; cela dépend de son origine et de sa richesse mais aussi de la nature des terres sur lesquelles elles se déposent.

L'eau, une fois recueillie par des moyens convenables : forage de puits, captage de source, dérivation de cours d'eau, création de réservoirs... est distribuée par les systèmes :

- d'irrigation par déversement : le sol est coupé de rigoles, l'eau se déversant sur plans inclinés...

- d'irrigation par planches : on dispose le sol en une série de gradins,

- d'irrigation par submersion,

- ou à l'aide de canons d'arrosage, etc...

Conservez l'eau du ciel

A la suite d'une réunion de son Comité de la Sécurité Alimentaire mondiale, la FAO s'est référée aux résultats bénéfiques d'expériences faites par plusieurs populations locales. Ce fut :
- la récolte de l'eau au Pérou, au Niger, au Burkina Faso...
- la conservation des sols et de l'eau,
- l'irrigation au goutte à goutte en Afrique du Nord...

Afin de conserver l'eau du ciel

- L'eau du ciel est gratuite. Elle servira pour arroser le potager, pour certains nettoyages mais aussi pour les W.C. Pour cela, faîtes une installation simple sous la gouttière. Placez une cuve avec un filtre, que vous choisirez beaucoup plus grande que vos estimations. Ainsi, vous ferez beaucoup d'économies et vous n'aurez plus à craindre les périodes de sécheresse.

71

Le cycle de l'eau

« Le cycle de l'eau n'a pas de point de départ, mais les océans semblent un bon point de départ.

– Le soleil réchauffe l'eau des océans ; celle-ci s'évapore dans l'air. Les courants d'air ascendants entraînent une vapeur dans l'atmosphère où les températures plus basses, provoquent la condensation de la vapeur en nuages.

– Les courants d'air entraînent les nuages autour de la Terre, les particules de nuages se heurtent, s'amoncellent et retombent sous forme de neige et peuvent s'accumuler en tant que calottes glaciales et glaciers. Quand arrive le printemps, la neige fond et l'eau ruisselle.

La grande partie des précipitations retournent aux océans ou s'infiltrent dans le sol : l'eau s'écoulant en surface.....

72

- Certains écoulements retournent à la rivière donc vers les océans. L'écoulement de surface et le suintement souterrain s'accumulent en tant qu'eau douce dans les lacs et les rivières. Une grande partie s'infiltre dans le sol...

- L'eau souterraine peu profonde est absorbée par les racines des plantes rejetée dans l'atmosphère via la transpiration des feuilles... ».

Page précédente : « *schéma du cycle de l'eau* »   d.p.   Wikipedia

Le Cycle de l'Eau   Agence de l'Eau Artois-Picardie,
Le U.S. Geological Survey

*

73

Chapitre 5

La fabrication des fertilisants naturels

Pour obtenir des végétaux en bonne santé, il faut bien les nourrir, sous la forme qui convient à leur mode végétatif, à différents stades de leur végétation.

Pour cela, seul l'humus constitué de micro-organismes,
a pour fonction de décomposer, fabriquer, emmagasiner et fournir
aux plantes tous les éléments vitaux.

L'agriculture nouvelle participe d'abord à la « conservation » des sols, du fait qu'elle a pour objet de fertiliser d'abord le sol avant la plante : enrichir au maximum l'humus qui, à son tour, enrichira la plante ! Il sera formé par des matières organiques d'origine végétale ou animale.

Tous les produits qui proviennent d'organismes vivants, seront recyclés au lieu d'être brûlés et deviendront matériaux fertilisants.

*

A/ Les matières de base pour la fabrication des fertilisants d'origine animale

Des matières qui ne devront pas être employées fraîches, mais compostées pendant au moins 6 mois).

Le fumier de cheval

Qualités :

Plus riche en azote, à poids égal, et d'une décomposition plus rapide que le fumier des étables ou porcheries ; mais cependant très humide.

Utilisations :

Est particulièrement recherché pour sa chaleur car sa fermentation thermogène permet la constitution des couches chaudes.

Il est intéressant pour accélérer la fermentation des trognons de choux ou racines.

Le fumier de mouton

Qualités :

Très concentré.

75

Utilisations :

Du fait de sa concentration, c'est un matériau à utiliser en modeste quantité.

Son action cependant, persistera plus longtemps que celui du fumier de cheval mais moins que celui de vache.

Le fumier de vache

Extrait « animaux » : Larousse encyclopédique 1900 ; réalisation d'artistes dessinateurs

Qualités :

Plus facile à trouver et excellent.

Utilisations :

Froid, il ne faudra pas l'utiliser pour amener les couches. Vous le composterez vous-même si possible.

Le fumier de porc
Qualités :

Il est froid et aqueux, riche en potasse.

Utilisations :

Son action est de courte durée mais les légumes comme le céleri et le poireau l'apprécient beaucoup. Du fait de sa richesse en potasse, il a une action répulsive sur les taupes.

Le fumier de basse-cour,
Qualités :

appelé aussi « *poulnée* », déjections de volaille ; engrais riche en azote,

Utilisations :

Du moment qu'il est riche en azote, il faudra l'employer uniquement mélangé à de l'eau ou des matières végétales.

« canards entre autres volailles » - GFDL   Auteur FIR0002   Wikipédia

Les fumiers déshydratés du commerce

A prendre en compte que provenant souvent d'élevages industriels, ils peuvent contenir des résidus d'antibiotiques ou être enrichis de produits chimiques de synthèse...

*

Conditions d'entretien

Les fumiers seront enlevés journellement des poulaillers ou des écuries ; une à deux fois par semaine des étables, selon la saison, et transportés sur une « plate-forme imperméable » ou dans une fosse : sachant que sur une plate-forme, il sera moins commode de les tasser.

Le tassement sera indispensable sinon la fermentation s'opérera dans des conditions défectueuses et les moisissures se développeront.

Les eaux qui proviendront des fumiers, seront recueillies avec soin, à l'aide de rigoles, dans une citerne dite « fosse à purin », située en dessous ou tout près de la plate-forme ou de la fosse.

Il faut savoir que l'action sur les plantes sera d'autant plus énergique et plus rapide que la décomposition, appelée « minéralisation », sera plus avancée.

- *Le fumier de cheval et celui du mouton* conviendront aux terres froides et compactes, à fond argileux prédominant ;
- **les autres sortes seront pour les terres légères, calcaires et siliceuses.**

*

B/ Les matières organiques d'origine végétale et minérale, pour fabriquer des fertilisants.

Les matières organiques d'origine végétale sont aussi fertilisantes que celles d'origine animale et peuvent parfois les remplacer complètement.

Les restes de cuisine

Qualités :

Excellent engrais organique,

Utilisations :

Vous les ajouterez au tas de compostage, en recouvrant d'une légère couche de terre fine ou de terreau...

Les mauvaises herbes et les résidus de récoltes (fanes, foins, paille...)

Qualités :

Issues du nettoyage des terrains : racines et grosses touffes d'herbes diverses, fanes...

Utilisations :

À déposer sur le tas de compost et à ensemencer d'engrais microbiens, afin d'activer la fermentation.

Les herbes des pelouses

Qualités :

Intéressantes du fait de leur finesse et de leur décomposition rapide.

Utilisations :

Séchées, elles seront pulvérisées sur les semis, en fine couche.

Les feuilles mortes

Qualités :

Couverture du sol pendant l'hiver.

Utilisations :

Réduites finement, elles feront une protection pour les légumes, l'hiver, ou pour les plantes d'appartement – mais vous pourrez aussi les joindre au tas de compost.

*

la Vase émanant de curage de mare, étang, fosse...

La vase est un mélange de terre et de matières organiques en décomposition. Elle contient 4% à 6% d'azote.

Qualités :

Elle est très fertile, surtout s'il y avait eu des poissons ou des canards...

Utilisations :

Les résidus ne devront pas être utilisés à l'état brut, mais posés sur le bas-côté, en tas, afin que l'eau s'écoule ; ils sécheront puis aérés, seront réduits en une poudre que vous répandrez entre les rangs de légumes.

La tourbe et la sciure de bois.-

Qualités :

Matériaux intéressants du fait de leur pouvoir de rétention d'eau, notamment la tourbe qui est très absorbante.

Utilisations :

Ils serviront en couverture, protégeant les semis de la   sécheresse ou du froid. Incorporés au compost, en   petites quantités, ces matériaux maintiennent une humidité favorable.

*

**C/ Pour fabriquer des fertilisants : les engrais verts
& les minéraux**

Les engrais verts (de 3 sortes)

Qualités :

Source importante de produits fertilisants.

Utilisations :

Ils permettent de protéger le terrain en hiver
(contre le vent, les gelées ou fortes pluies...), mais
sont aussi une nourriture suffisante pour les
micro-organismes. Comme protection ou engrais,
ils pourront être mis entre les rangées de légumes.

Les légumineuses

Qualités :

Bonne qualité d'azote (fèveroles, haricots, pois,
vesces, fèves, mais aussi trèfle, luzerne, soja... qui
pourront être ensuite employés comme engrais
verts).

Les crucifères. -

Récoltés pour votre consommation, ils ont l'avantage de se développer vite et de façon abondante, ils seront ensuite engrais... (choux, radis, navets, colza ou moutarde, etc..).

Semé « clair » en septembre, après les récoltes (1kg pour 1000 m2), le colza couvrira le sol pendant les gelées : il sera fauché au printemps. Cependant, une toute petite partie de la récolte, sera conservée, sur le terrain, jusqu'en août ; elle montera en graines et servira de semence pour l'année suivante.

Les graminées. -

– le blé, l'avoine, l'orge, le seigle, le ray-grass ;

   « planté deux années de suite au même endroit, le seigle prépare un terrain où les mauvaises herbes seront exclues : chiendent, mouron... » ;

– «un gazon en terrain rustique, c'est 50% de ray-grass ».

– Fauchées plusieurs fois dans l'année, ces plantes seront placées en tas, pour un compostage : laissant au printemps, la place nette pour les cultures à venir.

– Mais... avant une culture de blé, on détruira le trèfle à la 3ème pousse, car il épuiserait la terre.

   Utilisations :

   Ils permettent de protéger le terrain en hiver (contre le vent, les gelées ou fortes pluies...), mais sont aussi

84

une nourriture suffisante pour les micro-organismes.

Comme protection ou engrais, ils pourront être mis entre les rangées de légumes.

*

Les produits minéraux (¾ kg à l'are)

– les calcaires (craies...)

– les phosphates,

– les cendres de bois,

– les poudres de roches siliceuses (granit, basalte, porphyre : *qui contiennent du magnésium et des oligo-éléments.*

Utilisations :

Pour utiliser des produits minéraux, il est indispensable de faire analyser le terrain.

Les produits minéraux deviendront vite inutiles en bio-jardinage car, dans le compost fabriqué par vous-même, il y aura du magnésium, calcium, silice ; le terrain sera amélioré aussi, par l'assolement, la rotation des cultures...

Les Choux, dans le jardin potager du château de Villandry

*

D/ La protection de la terre

La terre a constamment besoin d'être approvisionnée en azote.

Une couverture en hiver, à l'aide d'un *mulching ou d'un paillage,* lui fournira nourriture en même temps que protection.

Le mulching

Couverture d'éléments végétaux à déposer,

> **.** *entre les lignes, en fine couverture* afin que la terre respire et absorbe l'eau, pour limiter la pousse des mauvaises herbes (cette couche sera renouvelée dès que la précédente ne remplira plus son rôle parce qu'elle sera trop décomposée),

> − *à l'automne,* pour l'hiver, après avoir placé un peu de terreau ou de compost « fait », en protection du sol (maximum 5 centimètres) et, lorsqu'arrivera *le printemps,*
> − *ou bien,* vous nettoierez le terrain du mulch décomposé qui y sera, et placerez les résidus sur le tas de compost,
> − *ou bien,* vous ne dégagerez que les lignes à ensemencer.

Pareillement au mulching, le compostage de surface est ce mélange de matériaux organiques et végétaux, qui sera à utiliser à l'automne (voir le chapitre sur la fertilisation).

Le paillage

L'utilisation de la paille se fait depuis longtemps : elle présente l'avantage de se décomposer très lentement.

Elle pourra être placée sous certains légumes, afin qu'ils ne se salissent pas au contact de la terre (tomates...) – mais surtout, lors d'arrosages ou de pluies, la paille   vous aidera à atténuer l'évaporation de l'eau qui restera retenue dans le sol.

Le Bois Raméal (le BRF)

Il s'agit d'un broyage de branches d'arbres de faible diamètre. Profitant à la vie du sol, il le stimule fortement, le dopant et, le recouvrant sur quelques centimètres, il amène rapidement le développement des micro-organismes du sol.

Il joue un rôle essentiel pour la fertilisation des sols, contre l'érosion, la rétention des nitrates...

Il faut broyer les branches – (diam. moins de 6 cm) – période, de fin octobre à fin mars, étalez le *broyat frais* immédiatement : couche de 3 à 5cm sur le sol et enfin, griffez le sol afin de bien l'incorporer ! (les années suivantes : 1 ou 2 cm suffiront...).

*

« M. Matthieu Archambeaud, ingénieur agronome, dans la revue TCS
(Canada) n° 37- Mars-Avril 2006 (Techniques Culturales Simplifiées),
précisait :
Ce matériau est aussi très riche en carbone... de plus, « on pourrait dire *que le BRF est dix fois* plus riche en azote que le bois de tronc, et cette propriété le rend très accessible pour les micro-organismes *décomposeurs.*

Cela explique l'augmentation rapide de la température (jusqu'à 70 °C à 80 °C) quelques jours après la mise en tas des copeaux. Si cet azote n'est pas directement disponible pour les cultures, il représente tout de même 180 unités pour un apport de 100 m3 qui seront capitalisées dans le sol et remises à disposition des cultures au fil des années. »...

« Rappelons que les 7,5 t/ha d'humus formés grâce à un apport de 100 m3 de BRF contiennent environ 300 unités d'azote, dont 180 unités proviennent directement du BRF ! L'azote organique contenu dans l'humus n'est pas lessivable, ce qui diminue grandement les pertes et les pollutions. » ...

« Comme pour toute intervention avec du matériel lourd, il est préférable d'épandre sur sol portant afin de limiter le tassement : soit après récolte directement sur les chaumes, soit en hiver sur sol gelé. L'épandage doit être régulier pour éviter un cumul de copeaux qui immobiliserait localement l'azote. À ce titre, un épandeur à fumier avec répartiteur à plateaux convient très bien. Une astuce : lorsque l'on tourne en bout de champ, arrêter le tapis en laissant les disques tourner permet d'éviter de casser le boulon de sécurité si un morceau de bois est coincé ... ».

*

Page suivante : « Le BRF est fait à partir de rameaux vivants fraîchement coupés - et différe du compostage, du mulching ou de la simple dispersion de broyat de rémanent (comme c'est le cas ici en forêt). »

*

E/ La protection de l'environnement, les cultures associées
Qu'est-ce que les Cultures Associées ?

Il s'agit d'un système cultural qui est réapparu, car il présente de notables avantages.

En effet, ce *système de cultures* associe, en même temps, sur une même parcelle...
— la culture du semis et de la récolte d'une même espèce végétale simultanément ;
— ou deux espèces végétales, semées en même temps ou en différé, mais qui seront récoltées en même temps (par exemple : une céréale et une légumineuse) -
  • ou encore, placer sur une même parcelle, des arbres et des céréales *(l'agroforesterie)*, parfois même de plusieurs sortes : des semis sous couvert...

  • *les semis sous couvert* peuvent permettre de produire

deux cultures par an, sur la même parcelle : la première, destinée à l'alimentation et la deuxième, à la reconstruction d'un capital carbone dans les sols ou valorisée énergiquement.

Ainsi, la fertilisation du sol se trouve augmentée –

« d'où un retour au sol de près de 8 t. C/ha/an »

(Institut de l'Agriculture durable).

*

Plantez un arbre

« En effet, un arbre absorbe le gaz carbonique par les feuilles, le transforme et rejette l'oxygène dans l'air. Un arbre adulte peut produire assez d'oxygène pour 18 personnes, selon sa taille et son espèce... En plantant plus d'arbres, et en disant « halte » au déboisement, nous réduisons les émissions de gaz à effet de serre qui sont à l'origine de la hausse des températures des océans qui, à son tour, tue le plancton producteur d'oxygène.... C'est une autre raison pour laquelle les arbres sont appelés « les poumons du monde ».

Mais attention, lorsqu'ils meurent et se décomposent, ils libèrent peu à peu le carbone qu'ils avaient absorbé – ils contribuent à la production de gaz à effet de serre et c'est pire lorsqu'il y a déboisement...

*

Pour faire revivre une région...

> *Lorsque M. GashawTahir, de retour dans son pays, l'Ethiopie, constate un univers dénudé, la dégradation du sol, la faune se fait rare et la température moyenne a considérablement augmentée, ce qui contribue à la poussée du paludisme : sur les douze rivières qui coulaient il y a des années, il en subsiste qu'une ou deux rivières qui coulent... Il décide alors un programme de réhabilitation écologique du sol : reboiser la montagne : un hectare de terrain donné par la mairie. Pour ce faire, son travail est de recruter d'abord 450 jeunes, qui pourront ainsi gagner de l'argent, musulmans et chrétiens, afin de promouvoir la coexistence des religions. (projet connu sous le nom de « Groenland Development Foundation »). D'autres terres ont été données. A ce jour, plus d'un million d'arbres ont été plantés. D'autres jeunes ont été embauchés... et seront ajoutés des milliers d'arbres fruitiers qui serviront à contrer l'érosion du sol de manière durable, fournissant nourriture et revenu supplémentaire à la population. M. Tahir a créé un Centre de Recherche agricole où les jeunes et leurs parents pourront apprendre les techniques nouvelles de culture... Les jeunes gagnent de l'argent, sont devenus autonomes, et retrouvent de l'espoir...*
>
> *Actuellement, le paysage s'est modifié, il y a renouveau des pâturages et zones d'ombrages mais surtout baisse des températures. »*
> *IIP DIGITAL USAMBASSADY GOV. - 2010*

*

F/ Les bienfaits de l'agroforesterie

Le système AGROFORESTIER, permet de rééquilibrer le *stock de carbone* qui se trouve dans la couche arable (20 à 30 cm d'épaisseur) du sol. Or c'est le sol qui est le plus grand réservoir de carbone de la planète, qui a, cependant, bien diminué au cours du 20ème siècle du fait, en partie, de la déforestation...

En agroforesterie, l'arbre se trouvant isolé, au centre d'un environnement cultural poussera plus rapidement et bénéficiant de la fertilisation des cultures, produira 3 fois plus de biomasse (matières organiques d'origine végétale) par arbre. Par ailleurs, la chute des feuilles améliorera les sols.

Selon l'INRA, le mélange des arbres et des herbacés permet d'augmenter les rendements des terres donc croissance économique, sachant que, sur une même parcelle, il est possible de planter plusieurs espèces de chaque.

L'arbre devient ainsi *protecteur des cultures* enfonçant ses racines plus profondément dans le sol, permettant aux pluies de mieux s'infiltrer pour recharger la nappe phréatique. Enfin, la profondeur d'enracinement donne la possibilité de récupérer les nitrates, limitant ainsi la pollution des eaux.

*

*   *

93

Ce texte est un extrait de : www.agroforesterie.fr

Les systèmes agroforestiers sont ancestraux et répandus dans le monde entier. En Europe, les arbres étaient traditionnellement présents au cœur et aux abords des parcelles. Certains systèmes ont perduré : pré-vergers, cultures intercalaires en peupleraies, noyeraies ou vergers fruitiers, truffiers et lavande ou vigne.

*

G/ Garantir la qualité et la quantité de l'eau, grâce au système agroforestier.

Une récente étude (Agroof, INRA, contrat Agence de l'eau Rhône Méditerranée Corse) a mis en évidence la capacité de dépollution des arbres. Véritables filtres, ils limitent une partie de la lixiviation des nitrates, réduisant ainsi la pollution des nappes phréatiques. Cette fonction est particulièrement intéressante pour la gestion des zones de captage en eau potable. De plus, les systèmes racinaires des arbres augmentent la réserve utile en eau (exploitable par la plante) des sols, améliorent l'infiltration du ruissellement, limitent l'évaporation du sol...

Améliorer les niveaux de biodiversité et reconstituer une trame écologique :

une parcelle *agroforestière est biodiverse* aux niveaux végétal, animal, mycorhizien, génétique... La diversité des structures et des espèces de ligneux et d'herbacées fournit des habitats et de la nourriture pour un cortège floristique et faunistique important. Elle permet de réintroduire des auxiliaires de cultures, abeilles et autres pollinisateurs, gibier, prédateurs... et recrée une continuité écologique à l'échelle des territoires.

Stocker du carbone pour lutter contre le changement climatique : 99% de la matière solide de l'arbre provient du CO_2 atmosphérique : les arbres sont donc d'excellents puits de carbone. Un frêne à maturité séquestre par exemple près de 3kg de CO_2 par an. Les arbres permettent ainsi non seulement d'atténuer les effets du changement climatique mais participent aussi à la recapitalisation des sols en carbone, élément capital dans les cycles biogéochimiques et source de fertilité.

*

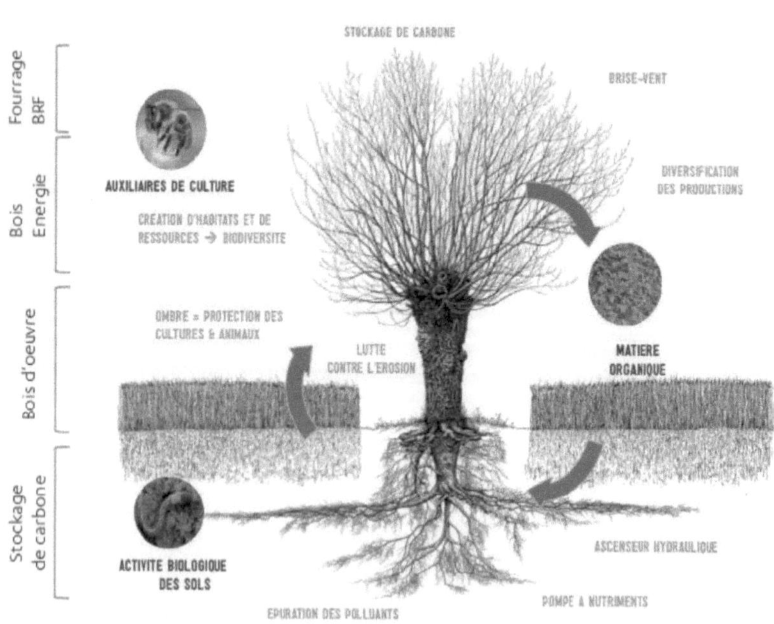

95

*

Les services rendus par les arbres ne bénéficient pas seulement à l'agriculture, la biodiversité et la qualité paysagère ; de nombreuses activités territoriales tirent également partie de leurs services :

— la gestion de l'eau à l'échelle des bassins versant est très sensible à l'activité agricole,

— la pérennité de l'apiculture dépend de la qualité et de la diversité des ressources,

— la gestion de la nature dépend des habitats disponibles et de la continuité écologique,

— la restauration humaine profite de produits de qualité, issus de filières durables,

— les loisirs et activités de pleine nature (chasse, pêche, randonnée...) nécessitent la présence d'arbres...

— *« l'Agroforesterie : un exemple de « Cultures Associées »*

H/ Comparer les différents systèmes de culture

Selon M. Sebillotte M., 1990,
le « Système de culture est un concept opératoire pour les agronomes. » (In : L. Combe et D. Picard coord., Les systèmes de culture. Inra, Versailles)... et la définition proposée : « le système de culture est *l'ensemble* des modalités techniques mises en œuvre sur des parcelles cultivées de manière identique. Chaque système se définit par :
. la nature des cultures et leur ordre de succession,
. les itinéraires techniques appliqués à ces différentes cultures, ce qui inclut le choix des variétés. »

> L'itinéraire technique ayant été lui-même défini comme « *combinaison logique et ordonnée* des techniques qui permettent de contrôler le milieu et d'en tirer une production donnée ».

*

La production ... agricole et animale,
la terre, la forêt/le bois, la mer...

Les systèmes culturaux tiendront compte du climat, des besoins.

1 – la monoculture

- il s'agit d'une forme d'agriculture qui repose sur une seule espèce végétale au niveau des parcelles cultivées comme de la succession des cultures au cours des années.

- « Cette formule est déconseillée d'un point de vue agronomique car elle entraîne l'épuisement des sols et peut poser des problèmes vis-à-vis du développement de maladies ou de ravageurs et de la biodiversité. » *www.futura-sciences.com*

2 – la polyculture

- la polyculture est le fait de cultiver plusieurs espèces végétales dans une même exploitation.

Ce système cultural s'oppose à la monoculture.

3 – la culture hors-sol (ou hydroponie)
La culture hors-sol biologique, inspirée du cycle naturel des plantes, est capable d'apporter des solutions au problème de stérilité des sols ou à la sécheresse et surtout aux petites surfaces cultivables.

*

N'est-ce pas la culture des plantes « sur l'eau » qui était déjà pratiquée par les Aztèques et également à Babylone, pour les jardins suspendus ?   Cependant, c'est lors de la seconde guerre mondiale que les Etats-Unis ont lancé la culture en hydroponie, *pour remédier au manque de légumes frais dans l'armée.*

4 – les grandes cultures

– « en 2010, 30% des exploitations spécialisées en grandes cultures, sont des exploitations de grande dimension économique, contre 25% en 2000. Cette évolution correspond cependant à celle de l'ensemble des exploitations. Certaines cultures sont plus présentes au sein des grandes exploitations. Par exemple, 95% de la surface en pommes de terre et 90% de celle de betteraves y sont implantées. La surface de ces cultures augmente depuis 2000, alors qu'elle recule dans l'ensemble des exploitations. Cette spécialisation est moindre pour les autres cultures. »
www.agreste.agriculture.gouv.fr

5 – les cultures associées

- il s'agit d'un système cultivant plusieurs espèces végétales ou variétés sur la même parcelle ; ce système cultural attractif, rentable, particulièrement adapté à l'agriculture durable, protège l'environnement ;

–   il peut y avoir deux ou plusieurs espèces semées en même temps, par exemple une plante potagère et une légumineuse,

–   et on parle d'agroforesterie lorsqu'on associe les plantes potagères et les arbres...

6 – les cultures intégrées

Cette agriculture est différente de l'agriculture raisonnée. Elle est une agriculture respectueuse de l'environnement :

–   la culture intégrée est une « conception de la protection des cultures » pour éviter les produits chimiques...) ...

7 – la rotation des cultures (l'assolement) (voir également page 29). En agriculture ou simplement en jardinage, c'est une technique culturale intéressante qui a pour objet d'améliorer la fertilité des sols donc augmenter les rendements.

8 – l'agriculture biologique
L'agriculture biologique (AB) est l'identification de la qualité et de l'origine : une qualité attachée à un mode de

production respectueux de l'environnement et du bien-être animal.

– **Une réglementation spécifique, contrôlée par des organismes de certification agréés par les pouvoirs publics :**

l'agriculture biologique est soumise à une réglementation spécifique européenne applicable par tous les Etats membres et complétée par des dispositions nationales supplémentaires. A compter du 1er janvier 2009, c'est le règlement européen 834/2007 du Conseil du 28 juin 2007 qui s'applique.

– Les opérateurs de la filière bio sont contrôlés par des **organismes certificateurs agréés** par les pouvoirs publics français et répondant à des critères d'indépendance, d'impartialité, d'efficacité et de compétence. Ils sont au nombre de huit en France : Ecocert, Agrocert, Certipaq, Bureau Véritas Certification, Certisud, Certis, Bureau Alpes Contrôles et Qualisud.

– **Un identifiant, la marque AB**

La marque AB est une marque collective de certification, d'usage volontaire et propriété du ministère de l'agriculture. Elle identifie les produits d'origine agricole destinés à l'alimentation humaine ou à l'alimentation animale qui respectent, depuis le producteur jusqu'au consommateur,

la réglementation et le contrôle bio tels qu'ils sont appliqués en France, ainsi que de fortes exigences de traçabilité.

– Dans le cas des aliments composés, la marque AB garantit un minimum de 95% de produits d'origine agricole biologiques, le reste étant composé de produits non disponibles en bio en quantité suffisante (produits exotiques, certaines épices...).

– Les conditions d'usage de cette marque à des fins de communication, ainsi que son graphisme sont contrôlés par **l'Agence Bio** sous la responsabilité du ministère de l'agriculture.

– **Le logo européen**

La présence de ce logo sur l'étiquetage assure le respect du règlement sur l'agriculture biologique de l'Union européenne.

9 – l'agriculture vivrière
– Cette agriculture tournée vers l'auto-consommation sera une agriculture destinée à la famille et ne sera pas destinée

à être commercialisée.

– L'obtention des semences se fait auprès des semenciers qui assurent la qualité de la semence vendue. En effet, il existe plusieurs catégories de semences : les semences paysannes et les semences certifiées. Selon l'ONG Grain, il n'y a que 32,5% des semences au niveau mondial, qui sont certifiées, seul un tiers des paysans du monde, 250 millions en 2012, les utilisent.

– En tant que produit de la terre : la Convention de la diversité biologique (CDB) protège la fonction de la semence ; alors qu'en tant que ressource biologique, partie de la diversité génétique, elle est régie par le Traité international sur les ressources phytogénétiques utiles à l'alimentation et à l'agriculture (TIRPAA).
Aussi, de nombreuses conventions et lois réglementent l'ensemencement (pour la protection des « obtentions végétales ») : 2/12/1961, convention UPOV, - 11/6/1970, au terme de la loi n°70-489, - loi du 28/11/2011, etc...

– S'il s'agit d'une culture particulièrement importante dans les Pays du Tiers Monde et dans les Pays du Sud, cette agriculture familiale représente dans le monde, environ 20% de l'agriculture (on estime à 1,2 milliard d'agriculteurs).

10 – la permaculture
– La permaculture est un mouvement qui relie tous les

103

« ce mandala résume les principes de la permaculture » ; est distribué sous licence CC BY-SA 3.0.   Auteur : Graham Burnett   Wikipedia

104
éléments d'un système les uns avec les autres...

« L'esprit de la permaculture est de relier tous les éléments d'un système les uns avec les autres, y compris les êtres humains. Tout particulièrement, la permaculture va chercher à recréer la grande diversité et l'interdépendance qui existent naturellement dans des écosystèmes naturels, afin d'assurer à chaque composante, et au système global, santé, efficacité et résilience. C'est un fonctionnement en boucle où chaque élément vient nourrir les autres, sans produire de déchets « exportables ». Dans son application agricole, la permaculture s'inspire beaucoup des forêts où le sol n'est pas travaillé ; l'agro-écologie est un mouvement.
Cyril Dion   http://www.permaculture.fr

*

. le Mouvement Colibris...
Présentation du Mouvement ...
–   *« Le Mouvement « le Colibris » a été créé par Pierre Rabhi*,* pour relier les énergies et structurer un réseau vivant... Ce sont tous ces individus qui inventent, expérimentent et coopèrent concrètement, pour bâtir des modèles de vie en commun, respectueux de la nature et de l'être humain »

11 - la méthode ZAÏ
–   est une *excellente technique culturale*, réapparue depuis 1980, pour les régions manquant d'eau et surtout pour récupérer des terres incultivables...

12 – l'agroforesterie

Le système Agroforestier, permet de rééquilibrer le stock de carbone qui se trouve dans la couche arable (20 à 30 cm d'épaisseur) du sol. Or c'est le sol qui est le plus grand réservoir de carbone de la planète...

13 – l'élevage   (à l'écoute de la biodiversité des pâturages)

Là aussi, il faut prendre en compte les problématiques nouvelles, techniques et sanitaires, *face aux nécessités de l'Agriculture Durable.*

– Le système d'élevage durable, sur le plan socio-économique et environnemental, aborde les *ressources alimentaires* des animaux, l'adaptation des animaux, la production animale, les systèmes d'élevage...

la prévention et la surveillance

Certaines études sont propres à l'AVEM (Association Vétérinaire, Eleveurs du Millanois), qui dans son programme « Recherche et Développement », préconise, suite aux cas de mortalité d'agneaux, d'agnelets laitiers en 2012/2013 :

– .... l'analyse de la mortalité des agneaux, utilisation de la méthode HACCP pour la *maîtrise du parasitisme,* enquêtes technico-économiques en partenariat avec le CETA, *de l'herbe au lait,* bilan azoté apparent des élevages et effluents d'élevage.

- D'autres études se font en partenariat avec UNICOR et sont incluses dans son programme Recherche et Développement, par exemple : pré-enquête Listéria, essais probiotiques sur la croissance des agnelles, conduite des agnelles, avortements et contrôle des vaccins, qualité du lait, alimentation.

  - Par ailleurs, concernant *l'approche globale de la santé animale BIO & conventionnelle,* l'AVEM, lors de ses visites annuelles :

    - observe les facteurs de risques de l'élevage,

    - le bâtiment et maladie respiratoire, Mammite et Machine à traire et alimentation, maladies environnementales et hygiène.

  - regarde les registres d'élevage et notamment le carnet sanitaire, les différents résultats d'analyses (parasitologie, sérologie, bactériologie...), propositions d'actions futures à mener...

  - D'autres groupes d'éleveurs travaillent à la manière de l'AVEM avec des structures vétérinaires qui sont fédérées par la Fédération des Eleveurs Vétérinaires en Convention (FEVEC) *www.fevec.fr*

  - Pour les produits vétérinaires, une convention AVEM-UNICOR existe depuis 1981...

– De plus, le développement de la notion de la durabilité en agriculture a amené l'AVEM a réaliser une grille de durabilité en 2002 afin de mettre en évidence la différence entre élevages bios et conventionnels et identifier les secteurs clés de la durabilité dans les exploitations ovins, laits du rayon de Roquefort.

– Elle a porté aussi sur les effluents d'élevage et la gestion des fumiers, aboutissant à un meilleure méthode de fertilisation. Quant au bilan énergétique, il a permis de percevoir l'impact des pratiques d'élevage sur la consommation de l'énergie fossile non renouvelable tout comme cela a été fait pour le secteur « bâtiment, matériels... ».

– Enfin, ont été étudiées les conditions de travail et les améliorations possibles de la durabilité sociale :

  – les conditions de travail et la qualité de vie sont devenues des atouts,

  – les agriculteurs sont impliqués dans le développement local,

  – les « pics de travaux » restent majoritairement une contrainte, néanmoins la main-d'oeuvre/ha disponible est devenue un atout,

  – le temps de travail : objectif pour la majorité des exploitations.

14 – les filières intégrées

(Insee : la filière intégrée veut dire accords entre plusieurs branches qu'il s'agit de relier entr'elles, par des contrats... »)

La diversification des cultures permet de réduire l'usage des intrants (pesticides, engrais azotés, eau d'irrigation...) ainsi que les nuisances environnementales.

– « Depuis une cinquantaine d'années, l'agriculture française connaît un mouvement continu et profond de spécialisation : spécialisation des exploitations agricoles vers les productions animale ou végétale, avec un *recul constant des fermes de polyculture-élevage* ; spécialisation des territoires, avec une séparation géographique des zones de culture et d'élevage (Mignolet et al., 2012). Les céréales comme le blé tendre, l'orge, le blé dur et le maïs occupent de nos jours environ 60 % des terres arables de l'hexagone. Dans beaucoup de fermes, le nombre d'espèces cultivées diminue, les rotations sont de plus en plus courtes et, avec l'accroissement concomitant de la taille des parcelles, les mosaïques paysagères voient leur hétérogénéité se réduire. Dans le Bassin parisien, par exemple, comme le montrent Schott et Al. (2010), la région centrale se « céréalise », avec une augmentation des surfaces en blé tendre et en colza, particulièrement spectaculaire durant les décennies 1970 à 1990, alors que l'élevage se concentre à la périphérie (Normandie, Thiérache, Champagne humide, etc.), qui voit exploser dans la même période les surfaces en maïs fourrage. Les prairies permanentes et la luzerne diminuent partout, en relation *avec la régression des systèmes mixtes* et l'intensification de l'élevage. Les rotations courtes (colza-blé-orge, colza-blé-blé, colza-blé, etc.) sont de plus en plus fréquentes. Au niveau de la France entière, les monocultures (maïs, blé principalement) couvrent aujourd'hui 8 % des surfaces assolées (Fuzeau et al., 2012).

–   Sur 17 % des surfaces en blé tendre, le blé suit un autre blé, et dans certaines petites régions, cette proportion peut dépasser 30 %.

Les conséquences de cette spécialisation croissante des territoires, des exploitations et des rotations sont bien connues : tensions sur l'eau dans les régions où s'étendent les monocultures de maïs irrigué (Amigues et Al., 2006) ; augmentation de la consommation d'énergie fossile et des émissions de gaz à effet de serre liée à la quasi-disparition des légumineuses des assolements (Nemecek, 2008, Jeuffroy et al., 2013, Pellerin et al., 2013) ... »

« L'enjeu est bien d'envisager la diversification dans le cadre d'un système agricole et agro-industriel compétitif. *L'étude a associé économistes et agronomes, en vue d'analyser les dynamiques socio-économiques, les stratégies des agriculteurs et des industriels* d'amont et d'aval, ainsi que les innovations agronomiques, technologiques ou organisationnelles qui conditionnent le développement de *cultures de diversification*. De fait, la question d'une diversification de la sole cultivée renvoie plus largement aux *choix de structuration des filières agricoles et agro-industrielles*, ainsi qu'aux modes d'alimentation et à la politique de qualité des produits. »

« Alim'agri, Ministère de l'Agriculture, de l'Alimentaire et de la Forêt », 10/5/2015.

*

Chapitre 6

La vie dans le jardin

A/ Les petits rongeurs

grâce aux rapaces nocturnes : hiboux, chouettes... qui les surveillent du sommet des haies ou des arbres, les rongeurs n'auront qu'à bien se tenir !

« *le muret de pierre, un refuge pour petits animaux...* » Photo Josiane Cochini Apremont, Savoie France.

... il y a la belette qui, logeant dans le creux des murs,
se nourrit de souris, de campagnols....
... et les taupes qui mangent les vers blanc, les larves de
hannetons...

Elles ont leur utilité par le fait qu'elles creusent des galeries qui draineront le terrain en profondeur et l'aéreront – ce qui est surtout très intéressant pour les terrains lourds.

Mais il y a ces petits monticules qui indiquent leur antre et parfois vous ennuient : un simple coup de râteau les aplanira et elles partiront ailleurs...

Les haies qui serviront de garde-manger et d'abri, seront pour les oiseaux, une protection diurne et nocturne du fait de la température à l'intérieur : par temps froid, elle sera plus douce et, l'été, ce sera un endroit frais.

De plus, par beau temps, à la tombée de la nuit, les insectes et les vers qui s'y réfugieront, seront la nourriture du matin, pour les petits oisillons...

Enfin, en mauvaise saison, les oiseaux apprécieront les baies, petits fruits ou graines de certaines haies : de conifères, de cotonéasters, d'aucuba, de houx...

Dans ces conditions, la part que les oiseaux prélèveront sur vos récoltes sera minimes par rapport à la quantité d'insectes et de graines qu'ils auront mangés dans les haies (chenilles, larves, limaçons...)

« les Oiseaux », Extrait Larousse encyclopédique 1900 ;

réalisation d'artistes dessinateurs.

114
B/ Les gastéropodes - limaces, escargots & les insectes...

Les oiseaux, hérissons, rapaces... seront vos aides pour détruire les limaces et escargots ou les insectes...

Cependant, vous pourrez protéger votre jardin si vous le souhaitez :

1/ en entourant les carrés de légumes, de cailloux, de sable ou... de gros sel ;

2/ en y plaçant un terreau de feuilles de chêne qu'ils n'aiment pas (à renouveler après une pluie, pour qu'il conserve son efficacité) ;

3/ à l'aide de préparations d'insecticides fabriqués avec le maximum de produits naturels ;

4/ en les attirant par certains fruits ou légumes qui serviront d'appât : ils se grouperont là et vous pourrez alors les ramasser ;

5/ enfin, les plantes aromatiques seront souvent suffisantes   pour repousser un grand nombre d'insectes...

Il est à remarquer, cependant, qu'il y a plus d'insectes utiles que nuisibles ; souvent, la présence d'insectes est due à une mauvaise pratique culturale, par exemple :

- *des engrais organiques enfouis trop profondément, peu efficaces de ce fait ;*
- *un terrain mal préparé ;*
- *les produits trop faibles, inadaptés ou au terrain ou à la région...*

*

*

115
« schéma d'une barrière anti-limaces et escargots »
Tél. par RedBurn ; est distribué sous licence CC BY-SA 3.0.   Wikipedia

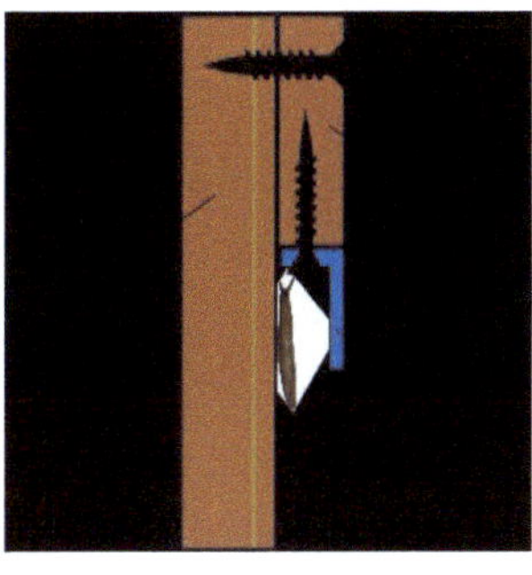

*

La vie dans les fleurs et arbustes, dans le jardin du château de Villandry

*

116

... l'intermédiaire d'insectes, abeilles, oiseaux ou papillons...

les haies, les arbres fruitiers produisent des fleurs et des feuillages colorés, des fruits, des baies rouges, violines ou noires...

Ce sont autant de joies dans le jardin !

Aussi, dès la préparation de votre terrain, lorsque vous sèmerez votre gazon,

vous penserez aux fleurs et aux couleurs que vous souhaiteriez y voir...

Vous pourrez laisser des endroits de terre nue ou bien, à l'intérieur de la surface engazonnée, découper à la bêche des plaques de gazon afin d'obtenir un emplacement où planter des fleurs...

Puis, vous imaginerez les couleurs ! Les fleurs devront trancher franchement avec le vert du gazon : par exemple : des fleurs bisannuelles bleues entoureront des plantes bulbeuses jaunes

(prévoyez toutefois un espace suffisant entre les fleurs afin que toutes puissent se développer harmonieusement).

*

le Petit Jardin

Votre jardin n'est pas grand, pas assez grand direz-vous – mais votre enfant aimerait tellement avoir son coin à lui !
La largeur de son terrain ne devra pas avoir plus de 50 à 60 cm, selon l'âge de l'enfant.

« Je me souviens des moments passés dans mon petit jardin, à côté de celui de mon frère.

Quelle taille avait-il, je ne saurais le dire ! Notre père nous apprenait à retourner la terre, à semer...

Quels moments complices entre nous lorsque chacun, arrivant le matin, vérifiait la hauteur des pousses. Avaient-elles grandi depuis la veille ? Je me rappelle d'être désolée de ne pouvoir produire de beaux légumes comme ceux récoltés par mon père ! »

« A proximité, il y avait le coin du maïs pour les poules et le coin de la luzerne pour les lapins, pas très grands tout de même car nous étions en banlieue parisienne, mais suffisants pour que nous y jouions à cache-cache. Nous croquions dans le maïs tendre et dans les légumes frais du potager. »

Pour un enfant, les légumes demanderont beaucoup de soin et d'attention ; aussi vaudrait-il mieux opter pour un jardin de fleurs : le type de jardin qui exigera moins de vigilance.

Vous lui donnerez les conseils que vous connaissez : par exemple, s'il plante un rosier, vous lui direz de placer, immédiatement, tout près de son rosier, une gousse d'ail à titre phytosanitaire préventif.

Ses outils seront, le plus possible, à sa taille, et muni de

118

ses bottes, c'est à l'aide d'un arrosoir qu'il rafraîchira chaque jour, ses fleurs.

Vous discuterez avec lui de ses plantations, de ses choix de fleurs ou des couleurs, et ce sera un moment privilégié, un moment de souvenirs entre vous. Il s'émerveillera avec vous de la nature et vous posera des questions puis, sans doute, aimera-t-il créer son herbier une fois rentré à la maison ?

Enfin, pensez au plaisir qu'il aura lorsqu'il remplira le vase de la maison avec les fleurs de son jardin.

*

Chapitre 7

La fabrication d'insecticides

La protection contre les parasites

Vous pouvez protéger votre potager, à l'aide d'insecticides naturels comme des extraits de plantes, répulsifs aromatiques et non toxiques.

Les larves, chenilles, pucerons, araignées, doryphores seront facilement neutralisés par les insecticides végétaux.

Des plantes ou extraits de plantes qui entrent dans leurs compositions :

Des plantes, que vous cultiverez vous-même, afin de les utiliser à cet effet :
- *camomille*, prêle, ortie, ail, échalote ou œillet d'inde ;
- *la nicotine*, qui est un extrait de plantes, est fortement déconseillée parce que trop forte pour le jardin biologique.

Si vous achetez des préparations du commerce, faîtes-vous

préciser qu'aucune substance chimique n'entre dans sa préparation, ou sachez dans quelles proportions.

Enfin, sachez que certains autres insecticides pourront aussi être fabriqués à base de produits courants *comme le lait.*

*

A/   Divers procédés de fabrication d'insecticides

1/ la macération est la plus facile :

- vous mettez la plante dans de l'eau pure,
- vous ajoutez un peu d'argile ou d'huile,
- vous laissez macérer de quelques heures à quelques jours.

2/ l'infusion ou « tisane » :
- vous recouvrez la plante d'eau bouillante (ne pas faire bouillir),
- vous laissez infuser hors du feu, une dizaine de minutes environ,
- vous filtrez le liquide.

3/ la décoction :

- vous placez la plante dans de l'eau froide et refermer le récipient,
- vous faîtes bouillir la plante ou partie de la plante,

« *mélange de tisanes* » ; est distribué sous licence CC BY 2.0.   Auteur Violette79   Wikipédia

« *la lavande et les plantes aromatiques en bordure,*

au Jardin potager du Château de Villandry ».

B/ Les plantes insecticides

Certaines de ces plantes sont d'origine exotique mais beaucoup d'entre elles peuvent être cultivées dans notre jardin. Elles possèdent des propriétés insecticides reconnues et, également, des vertus pour la santé du potager.

Quelques plantes faciles à cultiver

1/ *la Capucine* de la famille des Géraniacées ; plus de 30 espèces existent, issues de l'Amérique Centrale.

La principale, la Grande Capucine, est originaire du Pérou.

En France, on la cultive dans les jardins ;
    – utilisée *en extrait* - elle sera *pulvérisée* sur les plantes :
    – son intérêt est de les préserver des pucerons ou de la mouche blanche de la tomate ;
    – les anciens l'utilisaient, mélangée *avec de l'argile* ou de la bouse de vache, pour *en enduire* les troncs d'arbres fruitiers ;
    – la capucine sera semée aussi *au pied* des arbres fruitiers afin de les protéger.

2/ *la Camomille (matricaire camomille)*, (Caria Chamomilla reticula) :
    – plante de la famille des Astéracées ;
    – séchée, dans la maison, elle sert à écarter les mites ou les insectes ;
    – après *la macération* des fleurs, pendant 48 heures, elle est utilisée contre les moisissures.

3/ *l'Ail :*

Il s'agit d'une plante originaire des steppes d'Asie Centrale, considérée par les Egyptiens, dès la plus haute Antiquité, comme *très importante* dans leur alimentation. Placé au rang de *divinité*, l'ail protégeait des maladies les constructeurs des pyramides.

Les Grecs, par contre, l'avaient en horreur au point qu'ils refusaient l'entrée du Temple de Cybèle à ceux qui en avaient mangé.

Pour obtenir *une macération :* vous devrez associer 200 gr d'ail, haché, à 1 cuillerée à café de paraffine, pendant une journée ou deux.

En infusion, vous prévoirez 3 têtes d'ail pour 1 litre d'eau ;
— l'ail s'utilise contre le mildiou pour le traitement des tomates et pommes de terre. Par ailleurs, répandu sur les sols contenant des nématodes (divers vers), il les désinfecte.

4/ *l'Absinthe (ou herbe à vers) :*
— *en décoction,* elle tue les puces des chiens ou des chats.

5/ *l'Echalote (l'ail d'Escalon, d'où le nom d'«échalote »);* originaire de l'Orient d'où elle a été rapportée à l'époque des croisades.
— pour éviter que les rongeurs mangent vos légumes, vous pourrez planter *une bande d'échalotes* autour, sur une largeur d'environ 15 centimètres.
— Enfin, comme *l'ail et l'oignon, l'échalote* repousse les moucherons, papillons, moustiques...

124

6/   *la Lavande (Lavandula)* de la famille des Labiées.

   – *pour la macération,* elle est mise fraîche dans l'alcool ;

   – elle pourra être utilisée contre les poux, punaises, *fourmis...*

Vous pouvez préserver des mites, votre armoire à l'aide d'un petit sachet de plantes de lavande desséchées.

Il existe plusieurs sortes de lavande :

   – la lavande Stoechas (Lavandula Stoechas), de la région méditerranéenne, qui sert pour faire les essences parfumées ;

   – *la lavande Aspic ou lavande mâle (Lavandula Spica)* qui fournit une huile utilisée en peinture, mélangée avec de la térébenthine ;

   – *la lavande vraie ou lavande femelle (Lavandula Vera* ou Officinaliss) se trouvant dans les régions plus au nord : utilisée en parfumerie.

7/   *la Menthe (Mentha)* de la famille des Labiées.

Parmi les nombreuses espèces de menthe, il existe la mentha Pouliot, la mentha Piperita, la mentha Arvensis, la mentha Pulegium.

   – plante odorante à fleurs roses, violacées ou blanches,

   – elle permet de lutter contre les pucerons et piérides du chou : le résultat sera fonction de la variété de menthe.

   • *Avant de la répandre sur le sol : il faut froisser les plantes séchées, dans l'eau d'arrosage.*

8/   *l'Oeillet d'Inde :*

   – plante de la famille des Caryophyllées et de la tribu des silenées, intéressante pour l'ornement des parterres,

125

– originaire du Mexique, c'est une plante annuelle vivace, aux feuilles étroites, aux fleurs solitaires ou groupées,

– de couleur jaune pâle, orangée, brune ou panachée : elle exhale, quand on la froisse, une odeur aromatique ;

– dans le jardin, l'œillet permet de lutter contre les nématodes (vers) et certaines mouches dont celles de la tomate.

9/ *la Prêle* devrait être présente dans tous les jardins, cependant, *il faut se **méfier** de la prêle des marais, très intoxicante.*

– Pour obtenir une *décoction* : on met 1 kg. de plantes fraîches (ou 200 gr. de plantes sèches) dans 10 litres d'eau,

– elle permet de *lutter* contre les araignées rouges ;

– *la prêle s'emploie pour traiter les maladies des plantes : rouille, chancre, molinie, oïdium, mildiou... ;*

– *l'intégrer au compost est une bonne idée* : il s'agit alors d'humecter le compost avec une décoction de prêle, il devient alors un excellent fertilisant pour le jardin ; *mensuellement,* il est bon d'en mettre préventivement sur le sol... de plus, elle est très intéressante contre les champignons de toute sorte.

10/ *le Quassia ou quassier :*

Il s'agit d'un arbuste de la famille des Simaroubées dont il n'existe qu'une seule espèce. Ce petit arbre guyanais se nomme aussi « bois de Surinam », du nom de l'ancienne colonie hollandaise.

– *les fleurs,* d'une couleur rouge intense, sont réunies en grappes ;

– *le Quassia de Jamaïque* est une espèce voisine.

126

La quassine est le principe actif du Quassia amara :
– il s'agit d'un alcaloïde extrait des aiguilles incolores du quassia, que l'on fait fondre à plus de 210° ;
– la quassine se vend dans les commerces spécialisés ;
– elle est efficace contre les chenilles, doryphores, pucerons, fourmis...

11/ *le Pyrèthre (Pyréthrum)*, voisin du chrysanthème,
– insecticide, proche de la tanaisie ;
– plante issue des régions tempérées qui croît naturellement dans les vieux murs,
– mais elle peut être cultivée dans les jardins ;
– c'est une plante annuelle, vivace, à fleurs groupées en capitules terminaux.

Le pyrèthre du Caucase, rosé, fournit
– de la poudre de pyrèthre, trouvée dans les commerce, qui est utilisée efficacement contre tous les insectes prédateurs : (sur pêchers, pommiers, rosiers, arbustes... allant d'une plante à l'autre) pucerons, cicadelles qui pompent la sève etc... ;
– cependant, *la pulvérisation* doit se faire après avoir repéré précisément les insectes : ceci afin *d'éviter* de détruire les insectes utiles comme les coccinelles.

12/ *la Tanaisie* : l'espèce la plus connue est la « Tanaisie vulgaire » dite encore « Barbotine », « Sent-bon, « Herbe à vers », croissant dans les lieux humides, au milieu des pierres, dans presque toute l'Europe et se cultivant dans les jardins, comme la Tanaisie Balsamique (ou Baume-coq), à capitules jaunes ; elle était autrefois employée comme condiment dans les salades ;
– vous l'utiliserez *en tisane* pour votre jardin :

127

– en joignant à 10 litres d'eau, 300 gr. de plantes fraîches avec fleurs – ou 10 fois moins si elles sont séchées ;

– bien diluée ou *mélangée avec de la tisane de prêle,* elle sera utilisée contre les taches de rouille de tomate ou le mildiou.

– en hiver ou en été, concentrée, *elle sera efficace contre les parasites des arbres fruitiers.*

13/ le Raifort (ancien français : rais – racine)

–il s'agit d'un gros radis d'hiver, de l'espèce des Crucifères, du genre Cochléaria.

–Le raifort sauvage (Cochléaria Armorica) est dit encore « grand Raifort » ou « Cran », « Cranson de Bretagne » ou « Capucin » ;

–les fleurs blanches sont groupées en épis terminaux ; le fruit est une silique.

– On multiplie le raifort par tronçons de racine, jusqu'à l'automne.

Il est à utiliser en tisane :

–au cours des floraisons, il est bon *d'arroser* de cette tisane, *les fleurs*, à plusieurs reprises...

14/ le Lait (Lactis) (écrémé) et le Petit-lait

–il s'agit d'une sérosité qui se sépare du lait quand il se caille

Toutes les semaines, *à titre préventif,* vous pourrez arroser vos tomates avec un *mélange* composé d'une même quantité de lait et d'eau : ce mélange aide à prévenir les maladies.

15/ l'Ortie (Urtica)

–*en macération* : pendant 10 jours environ, vous prévoirez 1 kg d'ortie pour 10 litres d'eau.

–L'ortie développe la *résistance* des plantes aux maladies cryptogamiques ou à virus ;

–de plus, elle *aide à la croissance* des feuilles et des plantes.

–*Sous forme de macération*, elle peut représenter une base de compost ou être incorporée dans du compost en cours de fabrication, car intéressante pour l'état sanitaire du jardin.

Cependant, étant une plante vivace et très vite envahissante, elle est souvent considérée comme une « mauvaise herbe »... à éliminer du petit potager.

16/ la Rhubarbe dont on connaît une vingtaine d'espèces.

–c'est une grande plante vivace à fortes feuilles sinuées, dont les fleurs hermaphrodites sont groupées en panicules ;

–*en tisane,* elle est utile pour combattre la mite du poireau ou le puceron noir du haricot, la dose est de 200 gr. pour 1 litre d'eau.

17/ l'Alun (minéral qu'on peut se procurer en droguerie ou en pharmacie) :

–l'alun ordinaire ou alun potassique est un sulfate double d'aluminium et de potassium. C'est un sel blanc, cristallisé, soluble à chaud ou à froid ;

–*en cas d'importante invasion d'insectes, de limaces : en imbiber de la sciure et la répandre.*

Dans l'industrie, l'alun fixe les matières colorantes et rend imputrescibles diverses matières animales. *En teinturerie :*

l'alun est employé comme « mordant »... il est utilisé également pour
- clarifier les eaux limoneuses,
- conserver les peaux,
- le collage des papiers et
- et comme durcisseur du plâtre.

En médecine : l'alun est astringent ».

*

C/ Les plantes dépolluantes

Ce qu'il faut savoir :

Alors qu'en 20 ans, les maladies allergènes respiratoires ont augmentées, que 7 à 20% des cancers sont dus aux facteurs environnementaux, que l'air intérieur est 5 à 10 fois pollué qu'à l'extérieur (or nous passons 80% de notre temps dans un local pollué par les substances nocives), s'entourer de 3 plantes pourraient désintoxiquer 30 m2.

130

Les plantes dépolluantes ont un effet bénéfique dans votre maison : elles purifient l'air contaminé par les évaporations des produits ménagers, les désodorisants, parfums...

Quelles sont ces plantes ?

- certaines plantes d'intérieur comme *l'Aloe Vera, le Philodendron, le Lierre, le Ficus...* s'avèrent être d'efficaces agents de dépollution.

La respiration de la plante est identique à celle des autres êtres vivants, absorbant de l'oxygène et rejetant du dioxyde de carbone (CO_2).

Exemple de plantes et des polluants traités

- *Chlorophytum* : formaldéhyde, monoxyde de carbone
- *Epipremnum aureus* : formaldéhyde, monoxyde de carbone, benzène
- *Spathiphyllum* : benzène, trichloréthylène
- *Lierre (Hedera helix)* : formaldéhyde, benzène, trichloréthylène
- *Langue de belle-mère (Sansevieria trifasciata)* : benzène
- *Palmier-dattier (Phoenix roebelenii)* : xylène et toluènes
- *Ficus benjamina* : formaldéhyde
- *Dracaena marginata* : benzène, formaldéhyde, trichloréthylène
- *Gerbera (Gerbera jamesonii)* : formaldéhyde
- *Kentia (Howea forsteriana)* : benzène, l'hexane, le toluène

*

Chapitre 8

A/ Les insectes et animaux utiles aux jardins, sont en grand nombre...

1/ La larve de la chrysope (le lion des pucerons)

— elle est utile car capable de détruire chaque jour 20 à 30 pucerons ou 50 à 100 œufs de parasites acariens ainsi que tous les parasites adultes ;

— la chrysope (Chrysopa carnea), vert clair, d'une longueur de 10 à 15 mm, avec de grandes antennes et des ailes en forme de filets ! Ses yeux dorés le font surnommer « demoiselle aux yeux d'or » ;

— elle se nourrit de rosée, de miel et d'eau ;

— mais... le vrai destructeur, c'est la larve !

2/ L'acarien prédateur (le Trombidion appelé parfois « araignée rouge » : (terme se rapportant non à des araignées mais à de minuscules acariens) – comme l'araignée rouge (nuisible),

— il ne tisse pas de toile mais attrape sa proie ;

— le trombidion peut détruire 30 à 40 œufs et 20 araignées rouges de jardin par jour ;

C'est un insecte utile, qui se multiplie à raison de 3 à 4 œufs par jour, en fonction de la température.

3/ *La mouche (Itonididae)*
– c'est un insecte qui n'a qu'un centimètre de longueur,
– qui fait exprès de déposer ses œufs à proximité des pucerons : chaque femelle pond environ 100 œufs.
– Destructrices de parasites, les larves peuvent tuer chacune jusqu'à 50 pucerons ;
– par la suite, se changeant en chrysalides dans le sol, au bout de 1 à 2 semaines, il en sort des mouches.

Dans le commerce, les chrysalides de ces insectes sont livrées dans de la tourbe. Peu après avoir été répandues sur le sol, sous les plantes, de minuscules œufs orangés et des larves ont commencé leur nettoyage.

4/ *La guêpe parasite (Ichneumonoidea)*
Comme les autres insectes « Ichneumon », elle appartient au genre d'insectes « hyménoptères » dont fait également partie la mouche vibrante.

– insectes d'environ 0,6 mm, leur corps est allongé, grêle ; l'abdomen étroit, pourvu d'un long dard,
– ils possèdent des ailes brillantes...
– Ces guêpes pondent leurs œufs dans des chenilles et autres larves : les œufs placés dans le corps de leurs victimes, éclosent et c'est leurs larves qui deviennent destructrices de parasites...

5/ *Le pince-oreilles*
– fait partie des insectes utiles, considérablement actif au crépuscule, il dévore les pucerons et autres parasites.

133

– Pour créer un nécessaire refuge où les pince-oreilles pourront venir, ils suffit de :

– remplir un pot de fleur avec de la paille (que vous changerez souvent) et de le suspendre (retourné) contre un tronc pour qu'ils puissent entrer ou sortir pour chercher leur nourriture.

6/ Il existe une multitude de mouches (dyptères : une seule paire d'ailes) qui sont utiles pour la pollinisation ; il en est de même de certains moustiques mâles. Les mouches peuvent faire une nouvelle génération au bout de 5 jours, tout en continuant des travaux au jardin.

*

« l'oiseau perdu dans la ville » - photo Anne Ann, Chambéry, Savoie

B/ Des oiseaux dans votre jardin ?

Les oiseaux sont nos alliés (*Ligue pour la Protection des oiseaux*) puisqu'ils font leur repas d'insectes nuisibles, en été ; par ailleurs, quelle joie d'être réveillé le matin par les chants harmonieux d'oiseaux !

Cependant, il est nécessaire que le potager soit protégé !

Donc, en hiver comme en été, les arbustes plantés en haie ou en bosquet, leur fourniront une protection et un garde-manger : mais attention, les baies, si elles sont aimées des oiseaux, pourraient être toxiques pour les enfants qui y goûteraient !

*

*　　*

Ces arbustes seront

1/ L'aronia (Aronia melanocarpa)
– d'une hauteur de plus de 4m parfois ;
– au feuillage richement coloré en automne,
– il produit de petits fruits noirs, dont le rouge-gorge raffole.

2/ Le cotonéaster (Cotonéaster integerrimus)
– d'une hauteur pouvant atteindre 5m, parfois plus selon
  les espèces ;
– la mésange viendra chanter et aimera se balancer « la
  tête en bas » sur ses branches souples ;
– l'arbre, également apprécié des abeilles, fournira en
  hiver, des baies rouges.

3/ L'aulne (Alnus cordata)

136

Illustrations précédentes :

1 - « L'aulne est avec le saule et certains peupliers l'une des espèces les mieux adapées à l'eau. Ici il émerge de l'eau au bord du lac Bobiecinskie Wielkie en Pologne. Ces trois espèces sont aptes à recéper quand elles sont coupées par le castor avec lequel elles ont coévolué. » ;

est distribué sous licence CC BY 3.0. Tél. par Paneck.

2 - « sculpture en bois d'aulne 2011 » ; est distribué sous licence CC BY-SA 3.0. User. Albrecht1471   3 - « champignon : espèce indicateur des aulnaies dégradées par l'eutrophisation » licence CC BY 3.0. Auteur H. Krisp

Wikipedia

– arbre de taille moyenne dont la hauteur peut atteindre jusqu'à 20 à 30 m. ;
– il est apprécié de la fauvette « *traîne-buisson* » qui trouvera sous l'arbre, des petits insectes, des larves, des débris de végétaux et des graines pour se nourrir toute l'année.

4/ *La symphorine*
– d'une hauteur de 1 à 3 m :
– le bouvreuil fera son nid au cœur de ce buisson touffu et dès qu'il aura ses petits, il les nourrira des chenilles du jardin.
– Ses repas d'hiver seront constitués des baies roses de la symphorine.

5/ *Le viorne (Viburnum opulus ou lantana)* appelé encore « boule de neige » ;
– d'une hauteur de 2 à 3 m ;
– il a des fleurs blanches aplaties en grappes, en mai, puis des fruits décoratifs translucides jusqu'à la fin de l'été ;
– c'est l'arbre aimé de tous les oiseaux qui viendront chanter dans les feuillages.

6/ *L'argousier (Hippophae rhamnoïdes)*
– d'une hauteur de 2 à 5 m (jusqu'à 18 m dans certaines flores moins exposées au vent...), pouvant vivre jusqu'à 80 ans ;
– c'est un arbuste dioïque (il faudra donc planter des arbustes mâles et femelles), plante pollinisée par les

insectes et dispersée par les oiseaux. Héliophile, elle ne pousse qu'en pleine lumière.

7/ *Le chèvrefeuille*
– d'une hauteur d'environ 2 m ;
– le Chèvrefeuille des Buissons (Locinera xylosteum) au bois blanc très dur, croît dans les haies ;
– arbuste à tige grimpante mais jamais droite, ses fruits rouges sont des baies charnues et arrondies, remplis d'un suc amer ; il est originaire des terrains du midi de l'Europe, et surtout apprécié pour sa beauté et l'odeur subtile de ses fleurs.

8/ *Le camerisier (Lonicera xylosteum) – (on dit aussi Chamacerisier)*
– il se distingue du chèvrefeuille par une tige dressée et fleurs réunies par deux.
– Le camerisier des haies a des fleurs d'une couleur blanc-jaunâtre et des fruits rouges.
– On le trouve dans les friches, les haies, les lieux incultes où il offre une protection pour les oiseaux, une nourriture pour les insectes, de même d'ailleurs, qu'il fait le régal des chèvres et des moutons.

« Les différentes sortes de haies… au Jardin potager du château de Villandry »

9/ Le cornouiller
- il en existe 25 espèces dont le cornouiller appelé Cornus mas, une des variétés les plus connues, au bois   très dur et d'une hauteur de 10 m maximum ;
- sa longévité peut être supérieure à 100 ans ;
- c'est un arbuste buissonneux qui sert à faire des haies
- les graines procurent de la nourriture pour les oiseaux et les abeilles mangent le pollen du cornouiller, c'est une excellente plante mellifère.

10/ L'églantier (Rosa rugosa et Rosa canina)
- d'une hauteur de 2 à 3 m ;
- c'est un arbuste couvert d'aiguillons larges et recourbés,   à fleurs d'un blanc-rosé, légèrement odorantes ;
- l'églantier est une espèce très commune de rosier sauvage qui croît, en Europe, dans les buissons, communément utilisé pour les haies ;
- il offre une protection et une nourriture pour les oiseaux.

11/ L'épicéa (Picéa)
- parmi les nombreuses espèces, on distingue le Picéa Excelsa (sapin de Norvège ou du nord) (faux sapin) :
- d'une hauteur de 50 m environ ;
- ornemental, il possède une forme pyramidale, une écorce roussâtre, rugueuse et crevassée.
- Il se distingue du sapin, avec lequel on le confond souvent, par ses feuilles et ses cônes pendants.

Parmi les espèces plus petites, il y a la sapinette noire, la sapinette blanche (picée alba) et une autre variété qui est la sapinette bleue : toutes originaires du Canada.

12/ L'érable champêtre (Acer campestre)
- d'une hauteur de 15 m à 20 m, n'apprécie pas les sols humides ;
- ses branches formant des « fourchures » naturelles, supportent bien la taille.

13/ Le groseillier (Ribes) de la famille des Saxifragacées,
- est d'une hauteur de 1 à 2 m ;
- cet arbuste à fleurs solitaires, réunies en grappes, donne une baie, la groseille ;
- c'est la nourriture aimée de oiseaux ;
- la forme naine est très dense.

14/ Le marsault – le saule marsault :

(vient du latin : salix : saule ; maris : mâle) est de l'espèce des saules
- il est rencontré fréquemment dans les marais de France ;
- les fleurs précoces du marsault apparaissent avant l'épanouissement des feuilles.
- C'est un fournisseur de pollen au printemps et de nourriture pour les chenilles de papillons ; il est dioïque.

15/ Le noisetier (Corylus), le noisetier commun est appelé « coudrier » ;

il s'agit d'un arbrisseau commun qu'on trouve dans les haies et les taillis ;
- au printemps : les fleurs mâles forment des petits chatons ;
- les fleurs femelles des petites capitules roses ;
- ses fruits sont « les noisettes » (ou avelines) ;
- c'est une nourriture pour les oiseaux ; le noisetier fournit également du pollen au printemps.

16/ Le prunellier (Prunus spinosa)

-    il a mesuré jusqu'à 6 m de hauteur !
-    il est le nom d'un prunier sauvage, épineux, employé pour les haies défensives, qui n'a rien à voir avec le prunier domestique ;
-    il a une floraison blanche au printemps et une quantité de petits fruits noirs bleuâtres à l'automne.
-    Le prunellier est un arbre prisé des insectes ; les oiseaux s'y réfugient et trouvent là leur nourriture ;
-    par ailleurs, on tire de ses fruits, plusieurs sortes de liqueurs et une eau-de-vie recherchée.

17/ Le sorbier (Sorbus), une espèce est le « sorbier des Oiseleurs, des Oiseaux » ;
- arbre qui peut atteindre une hauteur de 15m ;
- il est de la famille des Rosacées pomacées ;
-    les fruits du sorbier sont des pommes à loges tapissées d'une membrane mince, qui ne contiennent qu'une graine ;
- ils sont petits, globuleux, rouges et servent de   nourriture aux oiseaux.

18/ Le sureau, noir et rouge (Sambucus nigra et Sambucus acemosa)
– est d'une hauteur maximum de 5 m ;
– et il est un arbuste à fleurs composées, originaire
    d'Asie, d'Amérique septentrionale et d'Europe ;
– son fruit est une petite baie qui renferme 3 à 5 graines
– le sureau assure une nourriture pour oiseaux et insectes.

« Une haie séparative ? Pourquoi pas des pieds de vigne ! »
Jardin du château de Villandry

144

19/ *Le buisson ardent (Pyracantha coccinea de   Roemer)*
– il s'agit d'un arbrisseau peu élevé,
– rameux dès sa base, d'un coloris rouge orange.
– Ses épines permettent une haie défensive.

*

Le saviez-vous ?

Cette nouvelle nous vient des chercheurs !

> *Les mésanges bleues sauraient-elles reconnaître les plantes aromatiques et médicinales qui apporteront au nid un surcroît de bien-être ? En fait, on pensait que seuls les mammifères carnassiers étaient dotés de flair.*
>
> *Des chercheurs ont enlevé les plantes odorantes du nid et on a vu les mésanges ne pas hésiter à aller en rechercher parfois, jusqu'à 200 à 300 mètres, et les réincorporer au nid.*
>
> *Ils sont arrivés à la conclusion que les mésanges, les mésanges bleues notamment, savaient rechercher les plantes qui préserveraient les oisillons à naître contres les infections ou tiendraient éloigner les insectes.*
>
> *Il semblerait donc que les oiseaux, particulièrement les mésanges bleues, se servent de leur odorat avec intelligence.*

*

145

« La nature fait tout et peut tout ! » Montaigne

C/ Comment attirer les Papillons ?

« les Papillons », extrait Larousse encyclopédique 1900 ; réalisation d'artistes dessinateurs

146

Les papillons !
C'est la liberté, c'est la couleur qui s'envole
dans le ciel de notre potager écologique !

Or, comment sauver les papillons indispensables à la pollinisation des fleurs car, ne l'oublions pas, la pollinisation des plantes et des arbres fruitiers est due aux papillons et aux insectes... diptères : mouches, moustiques... et hyménoptères : abeilles, guêpes...

On a pu attribuer un pourcentage de rapport de production supplémentaire grâce au pollen :

– *pour les espèces fruitières :* 50% pour le poirier ; 70% pour le pommier ; 50% pour le prunier ; 90% pour les cassis, framboisier, groseillier ; 80% pour le fraisier...

– *mais aussi* 90% pour le melon ; 70% pour le tournesol ; 10% pour le colza...

Si vous souhaitez attirer un grand nombre de papillons en votre jardin, cultivez dans un endroit ensoleillé, des espèces qui les attirent : Buddleias, Asters particulièrement...

Essayez de laisser un endroit en friche avec des chardons et des orties, un petit coin en retrait de votre jardin, peut-être d'une surface de 1 à 2 m², c'est suffisant !

*

147

et quelques « plantes à papillons »...

ce sera pour

- *le Paon du Jour* : toutes les fleurs du jardin ;
- *la Petite Tortue ou Vanesse* : les Buddleias et Asters et toutes les fleurs ;

 par ailleurs, on sait que
- *le Vulcain* pond ses œufs sur des orties, en été ;
- *les Argus bleus et nacrés* recherchent la petite flaque d'eau stagnante, ensoleillée où ils iront boire ;
- *l'Argus bronzé* aime passionnément l'oseille et la patience ;
- *l'Amaryllis (papillon)* (aussi appelé Satyre Titon) adore les ronces des haies ;
- *les Hespérides* recherchent le terrain herbeux, riche en graminées ;
- *le Machaon ou Porte-Queue* vit près de sa plante nourricière, le cumin sauvage... ou en marécage ;
- *le Grand Mars et le Petit Sylvain* vivent dans les vieilles chênaies et pondent les œufs respectivement sur des feuilles de saule ;
- ainsi que *le Tecla et le Robert le Diable...* Du fait de la raréfaction des papillons comme le Paon du jour par exemple - *les plantes suivantes* ont une importance grandissante !
- *le Buddleia de David ;*
- *l'Eupatoire chanvrine ou Chanvre d'eau ;*
- *la Lavande à feuille étroite ;*
- *la Ronce buissonnante ;*
- *la Luzerne fourragère commune ;*
- *le Trèfle blanc ;*

148

– *l'Eryngium campestre ou Chardons roulants ;*
– *la Gentiane jaune ou Grande Gentiane...*

*

– *le Machaon ou Porte Queue,* jaune, marbré de noir, à petites bandes bleues et à tâches rouges ; deux petites queues prolongent les ailes. On le trouve sur les plantes telles que fenouil, carottes...

– Au bord de la mare, ils volent par centaines, *les Argus marrons -* d'un côté et *les Argus bleus* de l'autre, sans qu'ils se mélangent !

– *Les Argus sont des papillons* très petits, environ 2,5 cm d'envergure...

Le livre : « les Pollinisateurs »,
de Philippe Béranger-Lévêque (Editions Boubée)

*

– *le Satyre* est un très beau papillon dont les ailes sont ornées de « motifs » variés, de couleur brune, grise, jaune, rousse...

– *le Sphinx* (papillon de nuit uniquement, crépusculaire) est très grand et robuste (environ 20 cm d'envergure), à longues ailes étroites et à abdomen conique. Il a une puissance de vol incomparable. Sa chenille de couleur vive, avec une corne à l'extrémité du corps, vit à découvert sur les plantes (le plus connu de tous : *le Sphinx « tête de mort »* a une marque sur le dos, plus claire, représentant une tête de mort).

150

- *et la grande famille des « Nymphalidae » :*
– *la Vanesse,*
– *le Sylvain,*
– *le Mars,*
– *la Mélitée,*
– *le Damier,*
– *le Paon du Jour, le Paon de Nuit,*
– *le Robert le Diable ou le Tabac d'Espagne* – ou encore
– *l'Argynne nacrée (sur les framboisiers ou violettes)* : un des
  rares papillons migrateurs, en expansion au 20° siècle.

151

Page précédente : *1 - « argus bleu, un lycénidé (les lycénidés forment une famille de lépidoptères) » ; est distribué sous licence CC BY-SA 2.0   Auteur Lynne Kirton   2 - « diminution régulière et rapide des populations de papillons (ici de prairies) en Europe » ; est distribué sous licence CC BY-SA 3.0   Auteur : Lamiot   3 - « son nom est « papillon », c'est un chien de deux ans très intelligent ! »   d.p.   Auteur Porg112 Wikipédia*

*

Chapitre 9

Les plantes et les arbres

Théophraste, philosophe, botaniste de la Grèce antique (né en -371 à Lesbos, mort en -288 à Athènes) élève d'Aristote,

Fondateur de la botanique - dans ses ouvrages de Sciences Naturelles, *« Histoire des plantes et Causes des plantes »* : il a établi la base de la classification des végétaux. Or la distinction entre arbre, arbuste et herbe est parfois difficile à faire. En effet, les *caractères physiques* de l'arbre différent lorsqu'on considère la taille et la forme du tronc qui peut être réduit en hauteur comme celui de l'aubépine : alors ses branches latérales sont en extension, même parfois en grande extension - ou ce sont des racines aériennes, issues des branches ou émises par le tronc.

Ayant trait à la taille de l'arbre, elle ne correspond pas toujours à la hauteur au-dessus du sol : un pied de myrtille peut couvrir une superficie de plusieurs dizaines de mètres carrés, bien que sa hauteur ne dépasse pas 60 cm.

Les arbres les plus hauts, *Eucalyptus regnans*, *Sequoia gigantea* peuvent atteindre de 110 à 120 mètres (la hauteur de 170 mètres, parfois avancée, serait du mythe simplement).

Enfin, *concernant l'âge des arbres* qu'ils peuvent atteindre (un âge très avancé) : les séquoias par exemple, peuvent vivre plus de 5 000 ans ; on attribue à un if planté à Krombach (Allemagne) quelques 2 000 ans. Cependant la vie d'un arbre est généralement plus courte : 150 à 200 ans pour les hêtres, 300 à 350 ans pour le chêne rouvre ou le sapin...

Les forêts, juxtapositions d'arbres, par leur feuillage créent un microclimat à périodicité régulière, tant par leur ombre que par l'immense évaporation due à sa formidable surface. C'est un bienfait pour la planète. Lorsque les feuillages tombent, ils forment litière, restituant au sol, une quantité importante d'éléments qui avaient été utilisés par l'arbre pour assurer sa croissance.

Les arbres isolés constituent une micro-formation, qui devient importante pour ses voisins. Les arbres ne tardant pas à être entourés de tout un cortège de plantes de sous-bois, grâce au microclimat. Ce phénomène est observé dans la savane « à

ENCYCLOPEDIE DES PLANTES

154

Page précédente :   *1 - « même les arbres les plus majestueux commencent leur existence sous forme de modestes plantules, comme celles-ci de hêtre (Fagus sylvatica). »*   *; est distribué sous licence CC BY 2.5.*   *Auteur : Wellow*

2 - « les arbres contribuent significativement au bien-être et à la subsistance des sociétés humaines. De nombreuses espèces produisent des fruits comestibles, comme ici l'arbre à pain (Artocarpus altilis). » ; est distribué sous licence CC BY-SA 3.0 Auteur : Kowloonese

3 - « Bois fossilisé trouvé au Brésil »; est   distribué sous licence CC BY-SA 2.5. Auteur Eurico Zimbres

4 - « Un fromager, un rônier, un cailcédrat (khaya) se sont entremêlés dans le village Mar Lodj (île du Sénégal). On en a fait un symbole de l'entente entre les trois principales religions pratiquées dans le pays : islam, christianisme et animisme » d.p. Auteur ji-Elle

5 - « Acer buergerianum » *(Une partie de la collection de penjing au Bonsai National et Musée Penjing, cet érable trident, Acer buergerianum, a ses racines en croissance sur un rocher et son feuillage et les tiges rognée sous la forme d'un dragon).*   d.p. Auteur Peggy Greb

6 - « Les arbres actuels sont notamment représentés par des espèces du groupe des plantes à fleurs comme ces jaracandas au Zimbabwe »   d.p.   User : GrahamBould

7 - « Souvent après un stress important (sécheresse, attaque parasitaire) les feuillus peuvent subir d'importantes défoliations et mortalité de branches du houppier. L'arbre y survit souvent. On parle de descente de cime pour décrire ce phénomène ». (Descente de cîme, mais aussi exemple de résilience écologique). ; est distribué sous licence CC BY-SA 3.0   Auteur Flamiot

8 - « Le « tronc » des dragoniers(dracaena draco) ne présente pas d'anneaux concentriques, ce qui rend difficile, voire impossible, l'évaluation de l'âge multiséculaire de certains spécimens. »   *« Le célèbre dragonnier des Canaries de Icod de los Vinos sur l'ile de* <u>Tenerife</u> *»* ; est distribué sous licence CC BY-SA 3.0 User Esculapio

9 - « Les arbres aux troncs les plus gros sont des baobabs d'Afrique(Adansonia digitata) » ; est distribué sous licence CC BY-SA 2.0   Auteur Ferdinand Reus

10 - « Les plus vieux arbres connus au monde furent jusqu'en 2008 des pins de Bristlecone (Pinus longaeva) comme ici dans les Inyo Mountains, enCalifornie. Ils peuvent vivre plus de 4 000 ans, certains individus ont presque5 000 ans » ; est distribué sous licence CC BY-SA 3.0   Auteur Oke

11 - « Les arbres les plus volumineux du monde sont des séquoias géants (Sequoiadendron gigantea), comme ici le Grizzly Giant dans le Parc national de Yosemite. Le plus imposant spécimen, baptisé General Sherman, a un tronc de 1 487 m3pour une hauteur de83,8 m ». ; est distribué sous licence CC BY-SA 3.0 Auteur Mike Murphy

12 - «De nombreux arbres anciens sont dits « remarquables » d.p. Auteur Reiner Lippert.   Wikipédia

boqueteaux » des régions tropicales : chaque bosquet ayant un arbre comme origine.

Finalement, les arbres sont extrêmement importants car la faune qu'ils *abritent* est nombreuse : toute une faune qui leur est propre - sans parler des oiseaux, mammifères, écureuils, batraciens (dont les têtards se développent dans l'eau retenue au pied des arbres...) - et surtout, quantité d'insectes qui y trouvent gîte et couvert !
–   *les xylophages* sont des Coléoptères (bostryches, cérambides) ou des Hyménoptères (Sirex)...
–   *les phytophages*, des chenilles de Lépidoptères ou des Coléoptère (orchestre, galéruque)...
–   et beaucoup de *larves de Diptères et d'Hémiptères* se développant sur des feuilles ou des tiges...

*

I - Afin que les plantations vivent mieux !

Les plantes, quoique toutes différemment, sont les proies aux différentes agressions... ce sera le gel, la chaleur, les changements brusques de température, le manque d'eau, les rayons solaires, les carences nutritives, le vent mais aussi les champignons, les insectes... Elles subissent alors des stress... Tout ceci provoquera une réaction sur les plantes sans toujours qu'il y ait des maladies d'ailleurs, car elles possèdent un système de résistance pour lutter contre les agressions.

La solution, dans certains cas, serait de traiter préventivement les végétaux : prévention contre les changements brusques de température : aridité, température froide ou salinité...

Grâce à un produit Bio, extrait végétal, « la Glycine Bétaïne »

vous protégerez de manière importante les plantes car les bétaïnes aident à lutter contre le froid, la chaleur et le stress et contre la fuite de l'eau. Elle est bénéfique en viticulture, utilisée 3 semaines avant la récolte, elle permet que les grains de raisin restent fermes, ne se fendillent pas, mais également, la bonne tenue des fruits après la récolte !

... il en sera de même pour tous les fruits puisque la Glycine Bétaïne améliorera leur aspect et leur conservation après les récoltes, par exemple pour les pommes... : ainsi, environ 30 jours avant les récoltes, *l'osmoprotection* (l'extrait végétal) sera à envisager tant pour les fruits à pépins que pour les fruits à noyaux...

II - **Enfin, pour booster vos cultures...**

Nous savons qu'un gramme de terre contient des milliers de *billions* de micro-organismes (tout petits êtres vivants : bactéries, levures, champignons, algues) parfois même invisibles au microscope. Ce sont nos meilleurs assistants et ils conditionnent la vie de la terre...

Ils sont la plus ancienne forme et la base de toute vie sur terre.

Donc des milliards de micro-organismes présents dans le sol, indispensables au développement des plantes.

Or, les bacilles du genre « *Bacillus* » sont en très grand nombre dans le sol : la « Bactérie Bacillus » rend plus soluble le PHOSPHORE que la plante assimilera mieux ; elle est particulièrement intéressante pour les cultures à cycle court (salades, chou-fleurs, artichauts...) qui ont des besoins instantanés en éléments nutritifs.

La Bactérie Bacillus thuringiensis, insecticide...

Parmi tous, certains micro-organismes ont été retenus comme étant une arme biologique efficace, digne d'intérêt, qui permet non seulement de booster les cultures mais en même temps INSECTICIDE autorisé dans le « BIO » : *la Bactérie Bacillus thuringiensis.*

Il s'agit d'une Préparation biologique en poudre, vendue dans les commerces.

*

III - Pensez aux vitamines pour vos plantes

Pensez que vos plantes (organismes vivants) ont parfois besoin de vitamines - même si elles ne sont pas essentielles à la croissance des plantes, elles sont utilisées afin d'améliorer les fonctions métaboliques. Les vitamines sont produites par des champignons et des bactéries qui se trouvent dans la rhizosphère, et peuvent également se retrouver dans les exsudats des racines des plantes :

- *la vitamine C* : aide la plante à se protéger tant contre le stress hydrique, l'ozone que les radiations UV. (évitez les trop grandes quantités) ;

- *la vitamine B1* : améliore la résistance des plantes contre les infections bactériennes, fongiques ou virales ;

- *la vitamine B2* : protège la plante contre les maladies et favorise la croissance ;

- *la vitamine B6* : agit comme antioxydant ;

- *la vitamine E* : selon les chercheurs de l'Université de Toronto et de l'Université de Michigan State, cette vitamine aiderait au transport de l'eau et des nutriments lorsque les conditions sont froides ;

- *la vitamine K* : est un antioxydant ;
- *les Acides aminés* : Les acides aminés sont des composés organiques faits d'hydrogène, de carbone, d'oxygène, d'azote et de soufre. Cependant les plantes fabriquent également leurs propres acides aminés avec de l'azote.

159

- *Les Algues* constituent une catégorie de biostimulants... vendues sous forme d'extraits : peuvent être appliquer sur les feuillages.

•

Enfin, si les biostimulants ne remplacent pas les engrais, ils peuvent venir en complément.

*

« *le Manuscrit de Voynich (XIV ou XV° siècle), 16 – folio 56r* »   d.p.   User : Denis Barthel   Wikipédia -
(en France où elles sont protégées, on trouve les Droseras dans les Parcs régionaux... Ce sont des plantes insectivores.)

160

A/ Les plantes de tourbières dans votre potager ? -

La culture des plantes ou arbustes de tourbières est difficile à réaliser dans un jardin potager au sol neutre, à moins d'y effectuer une préparation en conséquence...

Pour obtenir des plantes de tourbières, comment faire ?

En effet, des plantes comme le rhododendron, azalée, bruyère (calluna) ou des fruits comme les myrtilles, airelles rouges... ont besoin d'un *sol acide* avec un *pH entre 4,5 et 5,5* : la tourbière est le lieu privilégié des plantes comme la laîche, la droséra, la bruyère ou la myrtille...

*

le Ginko biloba

« Le Ginko biloba est considéré, par les Chinois, comme un arbre sacré, un arbre immortel.

Apparu il y a environ 250 millions d'années, à *l'ère jurassique,* émergeant d'un univers marin, époque où les oiseaux n'existaient pas encore, il a été le premier arbre avant les conifères mais après les fougères ; le premier arbre à *feuilles caduques.*

Surnommé l'arbre aux 40 écus, savez-vous pourquoi ?

« Au 18ème siècle, un botaniste français, au cours d'un repas, se vit offrir des graines par un botaniste anglais. Il demanda combien il lui devait : le botaniste anglais lui répondit « le prix du repas que nous venons de consommer : la somme considérable de 40 écus ! »

*

Le Ginko biloba est extraordinaire en ce sens que ses graines possèdent intérieurement, de la chlorophylle (or, la chlorophylle a besoin de lumière pour se développer ordinairement).

On dit aussi qu'il pond des œufs d'argent car ses graines tombent dans le milieu humide où elles germent... de plus, c'est le seul arbre à se polliniser grâce au vent, sans l'aide des oiseaux.

Enfin, c'est resté un véritable fossile vivant, aux multiples qualités thérapeutiques.

*

B/ Les arbres

Cependant qu'il soit conifère, à feuillage persistant ou à feuillage caduque, arbre des forêts tropicales... arbre d'ornement ou fruitier, chaque arbre est unique et aura besoin d'un sol ou d'une exposition différente.

*

1/ Les conifères

La plupart des conifères ont besoin d'un sol légèrement acide, humide, riche en éléments nutritifs. De ce fait, lors des plantations, le jardinier sera soucieux de l'endroit et de la qualité du sol, sachant que si l'endroit est mal choisi, si le sol ne convient pas, les conifères se développeront mal...

Voici une astuce pour réussir la plantation :

– vous achèterez la plante dans son conteneur,
– vous creuserez un trou de 50 X 50 cm, suffisant pour un baliveau et
– vous le planterez avec sa terre d'origine... après l'avoir retiré de son conteneur.

Cependant, le meilleur conseiller sera l'horticulteur local qui vous a vendu l'arbre.

« photo « le Pommes de Pin » de

Simone Mounier, le Biollay – Chambéry, Savoie - France »

Si vous avez des hésitations concernant l'emplacement, il vous est possible de recueillir de petites portions de terre aux quatre coins du lieu où vous souhaitez planter les arbres ou arbustes.   Vous ferez parvenir ces échantillons pour analyses au laboratoire agronomique de votre domicile ou au lieu de la plantation *(Laboratoire de Recherches Agronomiques départemental).*

2/ *Les arbres fruitiers*

Dans un jardin potager, vous pourrez planter quelques arbres fruitiers selon son importance. En effet, ce complément alimentaire couvrira pour plusieurs années les *besoins* de la famille et les arbres feront la joie des enfants.

Cependant, il y aura lieu de bien penser à l'arbre que vous planterez... car si les légumes sont produits pour une saison, l'arbre fruitier durera plusieurs années.

L'emplacement aura donc son importance, il pourra apporter au jardin potager un élément *décoratif,* mais il pourra être aussi un marquage de séparation d'une parcelle par exemple.

*

C/ L'entretien des arbres. -

—   Pour traiter *les arbres malades* : aiguilles brunes, points noirs sur leur face inférieure ou ayant des parasites, vous utiliserez un insecticide plusieurs fois dans l'année :
—   la quassine,
—   ou de l'alcool mélangé avec du savon par exemple...
Les haies *d'ifs (taxus)* seront taillées en mars-avril et même deux fois dans l'année si nécessaire *(attention, les ramures d'ifs sont des poisons !)*.

Les sols

—   Les *sols siliceux* conviennent bien pour les épicéas communs ou pins noirs, mais ils n'apprécient pas les sols argileux.
—   Cependant, sur un *sol lourd*, vous pourrez répandre du sable et du compost contenant des feuilles et des aiguilles.

Les arrosages

Vous arroserez abondamment les plantations (jeunes pousses) car en été, la sécheresse, accompagnée d'un ensoleillement intense, est plus dangereuse que de fortes gelées ! Toutefois, toute l'année, les *conifères* auront besoin d'eau...

*

D/ Les techniques de reproduction des arbres, arbustes et plantes

– le bouturage

–   pour cette technique, vous prélèverez une feuille, bourgeon ou tige : vous prendrez soin de pratiquer la « coupe en biais », juste sous un œil *: le mieux, à la base du rameau secondaire ;*

–   ensuite, vous ferez un repiquage :
un repiquage dans du sable auquel vous ajouterez de la terre ou de la tourbe ; ensuite, vous humidifierez bien le tout et

–   pour activer la bouture : vous la recouvrirez d'une cloche ou d'une bouteille en plastique à laquelle vous aurez coupé la base. Votre bouture devra être à l'abri du vent et du froid.

- le marcottage

–   technique utilisée pour *les arbres, fraisiers, œillets...*

–   sur une branche située près du sol, vous couperez un morceau d'écorce, formant ainsi une plaie ;

–   vous abaisserez la tige au niveau du sol et enfoncerez la partie comportant la « plaie » dans le sol humide ou dans un pot ;

167

—   dès que *la jeune pousse sera assez forte,* vous la transplanterez plus loin afin qu'elle se développe à son aise.

- le marcottage

—   technique pour *les arbres ou plantes vivaces...*
Il s'agit d'un procédé usuel de la nature car il s'agit simplement de la partie souterraine d'une plante qui produit des ramifications.

Vous planterez ailleurs *les drageons* lorsqu'ils seront *suffisamment forts* ; les prélevant délicatement avec une bêche.

— la fragmentation

Au sein d'un groupe de plantes, vous aurez la possibilité de la fragmenter afin d'éloigner les plantes les unes des autres.

— le greffage

Il s'agit d'un procédé délicat pour un jardinier amateur, surtout pratiqué *pour les roses.*

*

Parmi d'autres...
un point de vue sur le Pétunia greffé -
le premier O.G.M...

Que penser du « combat millénaire pour de meilleures espèces qui résisteraient aux agressions parfois mortelles d'insectes ou de mauvaises herbes. Ces plantes auto-vaccinées permettent à ceux qui les utilisent, à la fois de produire plus à moindre coût, mais surtout d'utiliser beaucoup moins de pesticides, ce qui réduit la pollution et améliore la biodiversité. A terme, on s'achemine vers des plantes intelligentes et une agriculture de précision qui aura la double vertu d'améliorer l'environnement dans les pays prospères et de sauver les pays pauvres d'une famine que leur promet la croissance démographique ; les pauvres en sont conscients, les riches pas encore.

A cette première révolution, les biotechnologies en ajoutent une deuxième qui affectera notre santé.

Grâce aux manipulations génétiques, il deviendra possible de nous nourrir avec des aliments naturels qui combattront préventivement nos déficiences et les agressions de l'environnement. Les biologistes savent déjà faire des bananes anti-diarrhéiques, des pommes de terre qui réduisent le cholestérol et un riz qui, produisant de la vitamine A, évitera aux enfants d'Asie, la cécités dont ils souffrent actuellement par carence de cette vitamine. »

Guy Sorman « Les Vertus masquées des OGM »

Enfin, qui trouverait à redire sur cette espèce de cresson, cresson génétiquement modifié, qui change de couleur en présence de mines antipersonnelles... Quelle avancée bénéfique pour des régions infestées de mines ! *Mais là, qu'on est loin du premier pétunia greffé !*

Chapitre 10

Les sols

Les plantes puisent leur nourriture dans la couche

superficielle du sol, appelée la terre arable...

*

A - **La croûte terrestre**

Il s'agit d'enveloppes successives dont les principales sont la croûte terrestre, le manteau et le noyau formant la structure de la Terre.

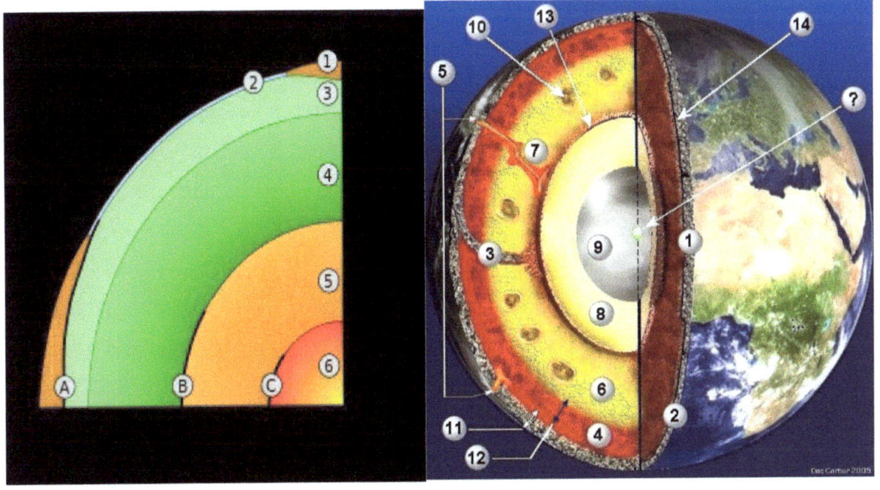

1 - « *structure interne de la terre : (1) Croûte continentale, (2) Croûte océanique, (3) Manteau supérieur (ou Asthénosphère), (4) Manteau inférieur (ou Mésosphère), (5) Noyau*

L'atmosphère...

Sa composition chimique comprend essentiellement de l'*azote* (78%), de l'*oxygène* (21%), des *gaz rares* (Argon, Néon, Hélium...) et dans les basses couches, de la *vapeur d'eau* et du *dioxyde de carbone.*

Voici quelques éléments composant l'atmosphère

a) le Dioxyde d'azote (l'ion NO²) est l'un des constituants majeur de la matière vivante représentant :
-        4,6% de la matière sèche animale,
-        venant juste après le carbone (50% de la matière sèche).

Il s'agit d'un *polluant de l'atmosphère terrestre* produit par les moteurs à combustion et centrales thermiques (cependant on a constaté une amélioration lente des années de 1980 à 1990 mais a cessé de s'améliorer depuis ?).
Par ailleurs, il a été observé que les limitations de vitesse s'accompagnaient d'une diminution de NO² :

(évaluations faites grâce à des capteurs spécifiques ;

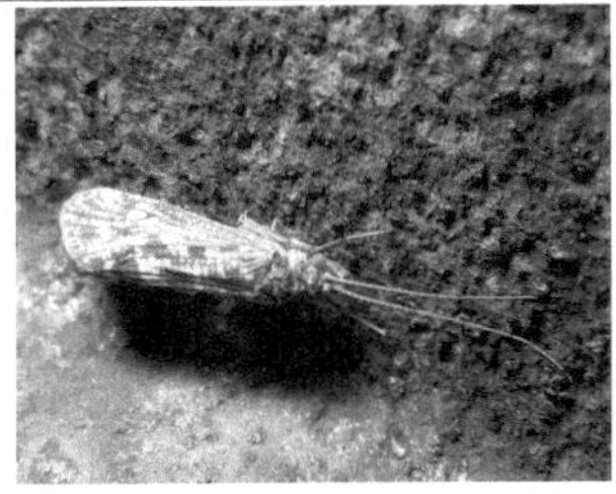

« *dioxyde d'azote s'échappant d'un tube à essai* » ; est   distribué sous licence CC BY-SA 3.0   Auteur : Fabexplosive   Wikipédia

1 - « *Les trichoptères (larves, adultes) font partie des indicateurs de bonne qualité des eaux douces. Ils sont utilisés pour mesurer le chemin à parcourir pour atteindre le « bon état écologique » demandé pour 2015 par la <u>Directive cadre sur l'eau</u>* » ; est distribué sous licence CC BY-SA 2.5.   Auteur Bruce Marlin
2 - « *L'abeille est un bioindicateur intéressant de l'environnement proche et périphérique, car elle butine dans un rayon de 3 km environ autour de sa ruche* » d.p. Auteur Darkmadore   Wikipédia

La Directive-cadre sur l'eau (2000/60/CE) souvent désignée sous son signe DCE, est une directive européenne du Parlement européen et du Conseil, adoptée le 23 octobre 2000. Elle établit un cadre pour une politique globale communautaire dans le domaine de l'eau.

*

b) l'Azote (élément chimique N) indispensable pour les plantes. - Quelle est la différence entre azote organique et azote nitrique ?

Entrant pour 79 % dans la composition de l'air, l'azote est assimilé par les légumineuses qui possèdent certaines bactéries sur leurs racines. Pour les autres plantes, il faut apporter cet élément nécessaire sous la forme d'azote organique, par enfouissement dans le sol de matières vivantes. **Tel quel, l'azote ne peut pas être absorbé par les plantes.**

Sous l'action de micro-organismes présents sous terre, il va se transformer en azote ammoniacal, puis en azote nitrique, forme sous laquelle les racines peuvent l'incorporer à leurs cellules. Quand ces végétaux mourront, cet azote retournera au sol sous forme d'azote organique, le cycle de transformation se reproduisant à nouveau.

Informations provenant du site « Rustica.fr ».

Les animaux, les végétaux et la plupart des bactéries, n'utilisent que *l'azote combiné*, organique et minéral :

–   les animaux par le biais des matières organiques dont ils se nourrissent ;

–   les végétaux, pour leur nutrition : l'azote minéral. Ils assimilent les nitrates et les sels d'ammonium qu'ils prélèvent de la *solution* des sols par les racines.

*

c) la molécule de Nitrate contient 1 atome d'Azote qui est partout où il y a de la vie ;

le Nitrate est constitué de 1 atome d'azote, lié à 3 atomes d'oxygène = formule chimique NO_3

le Nitrite est constitué de 1 atome d'azote et 2 atomes d'oxygène = formule chimique NO_2.

Les nitrates tout comme les phosphates, sont de puissants «*eutrophisants* » et considérés de ce fait comme des « polluants » de l'environnement quand les doses vont au-delà de ce qui est trouvé dans la nature...

L'eutrophisation, provenant d'un « *excès chronique* » *de nutriments, composés chimiques* présents dans le sol ; elle peut rendre les espèces plus *vulnérables* à certaines pollutions ou maladies : c'est un phénomène dangereux pour la biodiversité même : dans les milieux aquatiques, il y aura étouffement puis la mort de certaines espèces...

*

Les *symptômes* de l'eutrophisation révèlent la présence de nutriments qui *dépasse* la capacité qu'ont les plantes de les absorber (pour les engrais ou pesticides : les remplacer **par l'utilisation des engrais verts (légumineuses notamment...)**.

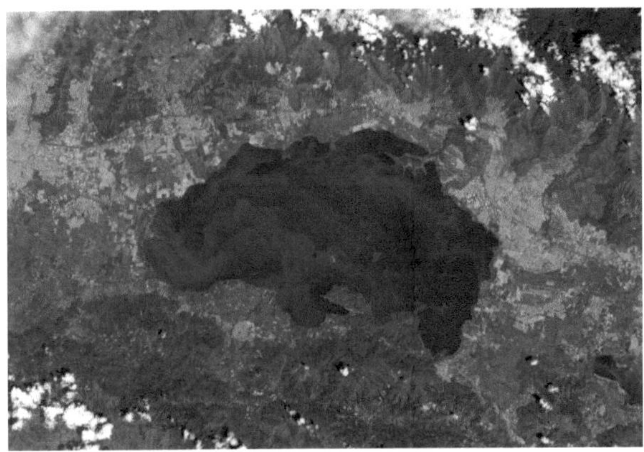

« *Le lac Valencia* (Venezuela) recueille des effluents agricoles, industriels et urbains. Les efflorescences algales sont détectables par satellite. » d.p. Auteur NASA Wikipédia

B - Le sol est matière vivante ainsi que l'eau

a) *Support de la vie terrestre,*

le sol est issu de la transformation de la couche supérieure de la roche-mère, *couche minérale superficielle...*

Elle est dégradée, enrichie de sédiments, d'apports organiques qui proviennent de la *décomposition* et du métabolisme d'êtres vivants végétaux, animaux et microbiens (fongiques (champignons), bactériens... Cette partie du sol enrichi se nommant humus est un *puits de carbone* !

Pour les agronomes, ce qu'ils nomment « sol » est la partie *arable* (pellicule superficielle) où se développent les racines des plantes. Ils estiment qu'un bon sol agricole est composé de 25% d'eau, 25% d'air, 45% de matière minérale et 5% de matière organique. Lorsqu'il y a labour : le tassement et la semelle de labour peuvent occasionner une perte de rendement de 10 à 30%, parfois même jusqu'à 50%.

C'est dans la partie entre la partie arable et la roche-mère que se trouvent les éléments minéraux et l'eau.

Enfin on distingue différentes catégories de sols, définis selon leur utilisation : les sols agricoles, les sols boisés, les sols bâtis et les autres sols.

*L'Organisation des Nations Unies pour l'alimentation et l'agriculture (FAO),
a déclaré 2015 comme étant l'année internationale des sols,*

avec, comme phrase clé,

« Des sols sains pour une vie saine ».

« dimensions et températures internes du globe terrestre » ; est distribué sous licence CC BY-SA 3.0 Dessin de Doc Carbur Wikimédia

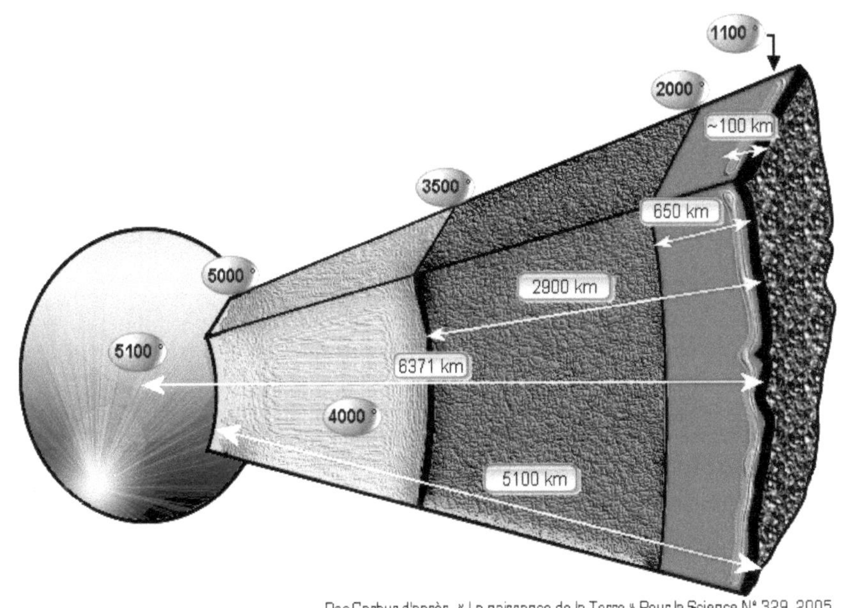

Doc Carbur d'après « La naissance de la Terre » Pour la Science N° 329, 2005

Dimensions respectives des différentes couches et températures approximatives qui y règnent. Des calculs récents ont revu à la hausse les températures du noyau, qui évolueraient entre 3800°C et 5500° selon les profondeurs 10.

b) Avec labours ou sans labours

Pour qu'un sol reste vivant, il existe des nouveaux modèles de production qui évitent ces labours qui enfouissent l'humus, l'asphyxient. Le sol se dégrade et libère des compositions toxiques ainsi que du méthane.

- il est préconisé les semis sans les labours qui détruisent en grande partie les sol, la couche d'humus ;
- pour protéger le sols, les conservations obligatoires des résidus des récoltes précédentes qui favorisent la fabrication de biomasse, nourrira les vers de terre faisant un travail mécanique;
- Cette couverture laissée sur place, diminuera le volume d'eau nécessaire pour les cultures qui suivront ;
- Pourquoi ne pas apprendre aux enfants, les rudiments de l'agriculture durable, ces cultures enrichissant les sols...

Cette limitation des labours souhaitée sera totalement remplacée par l'Agriculture de surface :
- En effet, le système cultural est particulièrement responsable des terres : ce sont des techniques bio-écologique, des techniques culturales simplifiées.
- Ce sera la rotation des cultures: les sols retrouveront vite « vie » :
- le gros avantage de ce système cultural :
- la protection, paillis pour renouveler les micro-organismes
- la lutte contre les adventices, les limaces..
- pas d'achat de produits (engrais, fertilisants..)

Les racines, loin d'être passives, peuvent intervenir pour améliorer la rhizosphère (rhizo vient du grec racine). Il s'agit de la région du sol directement influencée par les racines et les micro-organismes associés faisant partie du microbiote des végétaux, cet ensemble des micro-organismes ayant 10 à 20 cm d'épaisseur en prairie et plus, en forêt des zones tempérées.

Une meilleure connaissance du microbiote (ces milliards de micro-organismes présents dans la terre), peut permettre de l'allier en agriculture, sylviculture ou agrosylviculture, mais surtout pour la dépollution de sols et de l'eau (lorsqu'il y a eu trop d'azote).

*

L'agriculture durable supprime les labours...

L'agriculture durable lutte contre l'érosion des sols qui amène la réduction de leur fertilité, la mise à nu des roches et l'apparition de pierres à la surface ; érosions dues aussi aux feux de forêts ou déforestations volontaires : la mise à nu des sols provoque le ruissellement plus rapide des eaux...

« extrait de « Pour un développement durable du secteur fruits et légumes » 130 rue du Trône, B - 1050 Belgique   www. coleacp.org/pip

Par ailleurs, elle veille à la réduction des intrants, à la limitation des engrais afin d'assurer la meilleure *protection de l'eau* et la *qualité des sols*. Elle préconise de nouveaux systèmes de culture comme *l'assolement*. Cette technique enrichit les sols grâce à l'introduction *des légumineuses (pois, luzerne...), productrices d'azote,* préparant avantageusement le terrain pour les semences à venir.

« Le groupe CIVAM et son réseau, s'engage dans la démarche « agriculture durable »
www.civam.org

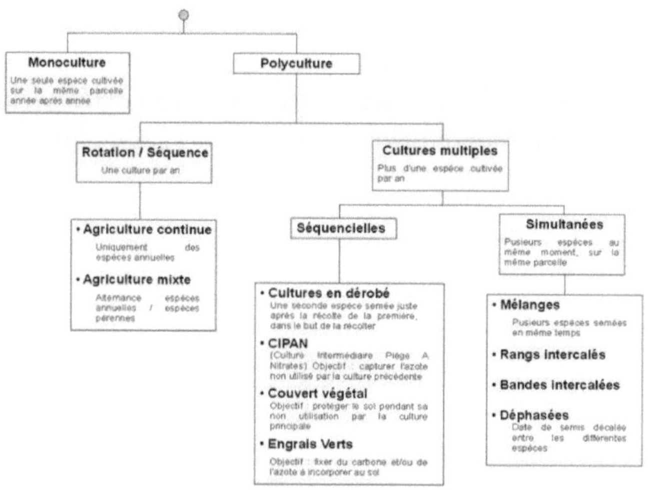

« classification des différentes séquences de cultures »

d.p. - Auteur : Abouloc   Wikipedia

*

> *L'agriculture durable aide les personnes et les êtres vivants en limitant l'usage des pesticides.*
>
> Si les pesticides ont permis *d'augmenter* les productions mondiales à une époque où les famines menaçaient, ils ont causé beaucoup de dégâts puisqu'ils *pénétraient* dans les sols et *imprégnaient* les plantes - et s'ils étaient pulvérisés, *atteignaient* les salades... menaçant non seulement la santé des consommateurs mais aussi celle des agriculteurs.
>
> Or, les engrais *naturels*, produits par l'agriculteur lui-même, sur place, près de son terrain, peuvent les *remplacer* avantageusement.
>
> De plus, lorsqu'il s'agit de *rotation des cultures sur 4 années* : dans le sol, l'azote indispensable à la croissance des plantes, est apportée, grâce à la plantation de *légumineuses* la première année. Les 3 années suivantes, *le sol fortifié* présente aux nouvelles plantes, un terrain privilégié ; l'agriculture devient totalement écologique et en même temps, plus productive.

*

c) *Nombreux avantages du système de rotation des sols, l'assolement ;*

–   gestion importante des *adventices* grâce aux systèmes racinaires importants ; système de culture qui a un effet très grand sur la gestion des sols ;

–   l'intérêt est principalement de rompre le *cycle* vital ;

–   des organismes nuisibles mais aussi certaines plantes ou animaux ravageurs – et lutte contre les adventices (les mauvaises herbes ?

–   dans ce système cultural, il y aura une succession de plantes de familles différentes et ayant des périodes de croissance différentes (culture de printemps et culture d'hivers...)

–   La présence des légumineuses, première rotation, permet de supprimer les engrais, fertilisants chimiques. Si au début, ils sont encore nécessaires, il faut choisir les fertilisants issus de produits naturels ;

cette technique a un effet positif sur l'activité biologique du sol et la nutrition des plantes.

Aussi, la nouvelle PAC favorise la diversification des cultures.

*

Protéger les sols avant l'apparition des maladies des plantes et des arbres

d)   *L'humus est très important pour protéger le sol de l'érosion :*

–   l'humus, qui n'est pas le compost, est la couche superficielle du sol.

C'est la matière organique en décomposition, qui est constituée :

–   1/ de fragments *végétaux* : feuilles, aiguilles, tiges, racines, bois, écorces, graines, pollens ;

–   2/ d'exsudats racinaires, végétaux (propolis) et *animaux (miellat)* au-dessus du sol ;

–   3/ d'excréments et excrétats (mucus, mucilage) de vers de terre et d'autres organismes animaux et micro-organismes du sol ;

–   4/ de cadavres d'animaux et nombreux micro-organismes, champignons microscopiques et bactéries.

*

181

La disparition de l'humus *se traduit* par un phénomène de GLACIS des sols labourés, qui diminue leur capacité d'absorption de l'eau, lorsque polluée par les pesticides et les excès de nitrates, elle ruisselle et devient responsable du pullulement d'Algues vertes.

L'avenir de l'humanité passe par la restauration de l'humus des sols

Ecosystèmes vitaux et rares soumis aux pressions humaines, les sols font l'objet d'usages concurrentiels. Leur gestion est un enjeu de société majeur, **leur préservation est indispensable aux équilibres écologiques et à la biodiversité.**

Extrait du site « actu-environnement.com » - rubrique Ecologie du 17 novembre 2011, Agnès Sinaï. (Actualité professionnelle du secteur Environnement).

Page précédente :

1 - « L'humus est caractérisé par une couleur foncée qui traduit sa richesse en carbone organique ».   d.p.   Util. Paleorthid

2 - « La mise à nu des sols et le labour répété causent en quelques années une disparition de l'humus. Les sols noirs deviennent ocre, perdent leur capacité à retenir et infiltrer l'eau, et deviennent plus sensibles à l'érosion ».   d.p.   Auteur Lynn Betts

3 - « Le labour et les engrais chimiques ne sont pas les seules causes de destruction de l'humus qui fixe les sols ; la déforestation et le surpâturage sur sols fragiles en sont d'autres. Sans protection végétale du sol, et sans apport de matière organique, l'érosion et l'appauvrissement de ce type de sol sont alors inévitables. » GFDL 1.2   Util. Fir0002

4 - « Sur les pentes, et dans de bonnes conditions, la couche d'humus dépasse rarement 30-40 cm. Elle est plus épaisse dans les vallées et les creux ».   d.p.   Auteur Henry Mount

5 - « Effets de l'érosion des sols, qui touchent une grande partie des zones de grandes cultures en Europe ».   d.p.   Util. Splintercellguy

6 – « Glacis »   ; est   distribué sous licence CC BY-SA   3.0   Util BK-Thorsten Commonswiki   Wikipedia

*

Il s'agit d'une matière souple, absorbante qui retient l'eau, les nutriments divers. Il faut *entretenir* **l'humus des sols** car ...

sans *l'humus,* les sols deviennent *désertiques.* Or la plupart des sols agricoles, *faute d'humus,* s'approchent de la stérilisation. Il est urgent, explique le spécialiste Bernard K. Martin, que l'homme cesse « de considérer les terres agricoles comme des mines à ciel ouvert. »

Bernard K. Martin, ancien député suisse, est consultant en agriculture durable.
Il est l'auteur de : " Les enjeux internationaux du compostage. Nos ressources alimentaires et en eau. Climat. »   Editions L'Harmattan, Paris.

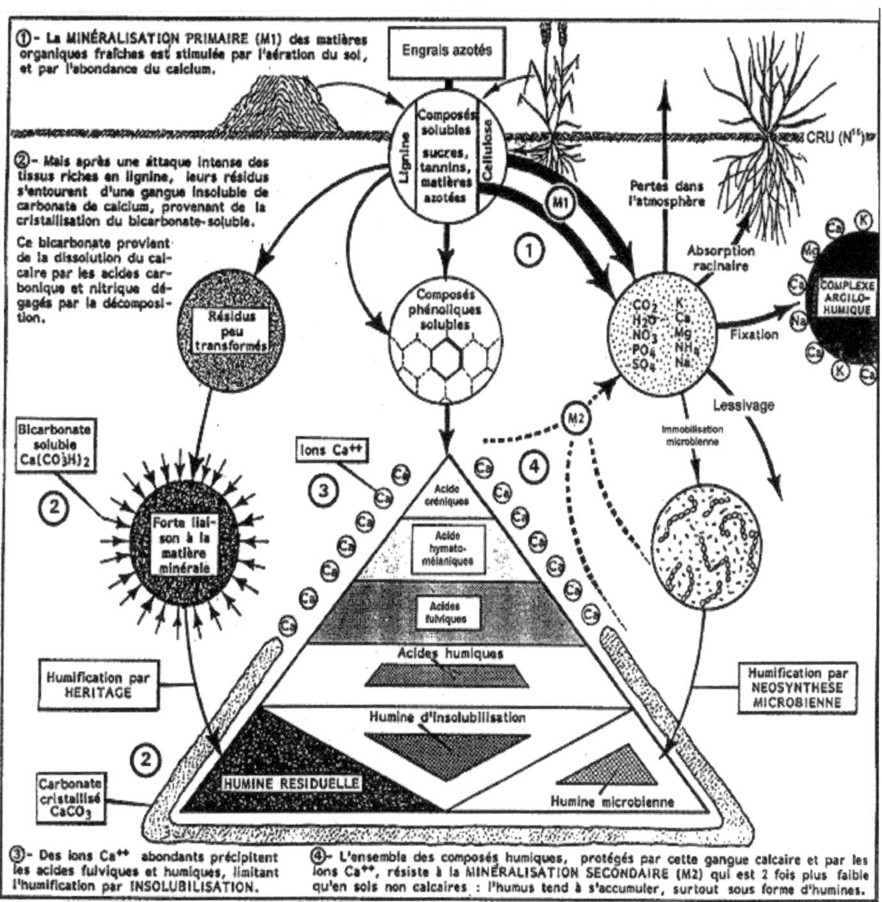

« *Evolution de l'humus après apport de matériaux organiques et d'engrais azotés dans un sol cultivé.* » *D. Soltner: Les bases de la production végétale. Tome I Le Sol. 2006* » ; est distribué sous licence CC BY-SA 3.0   Auteur : Fernand Jacquin Util. Bildoj Wikipédia

*

184

e) Fabriquer l'humus à base de charbon de bois...

En Amazonie, pour pallier au manque d'humus des forêts tropicales, l'homme *fabrique* à partir de charbon de bois, *l'équivalent* de l'humus dit Terra Preta.

En -800/-500, l'homme précolombien créa des sols nommés Terra Preta en portugais d'exceptionnelle fertilité. Ils sont de couleur sombre du fait d'une grande quantité de charbon de bois, et tessons de poterie dans lesquels des micro-organismes se sont développés. Ces sols ont une profondeur d'environ 2 mètres, et se renouvellent à la vitesse de 1cm par an.

f) Les algues vertes (la Marée verte)...

Page suivante :

1 - « **marée verte** faisant suite à une prolifération d'Ulva Armoricana, dans le Nord-Finistère ». (ces algues font partie du genre Ulva, surnommée « laitue de mer » - leur putréfaction est responsable d'émission de gaz à effet de serre (méthane)   GFDL - Auteur Thesuperma.

2 - « **les cyanobactéries comptent parmi les formes les plus anciennes de vies** en colonies capables de construire des récifs . Les stromatolithes struits par certaines espèces existaient il y a plus de 3,5 milliards d'années. On en trouve encore quelques formations, dont ici dans l'ouest de l'Australie, dans le parc national de Yalgorup » : est distribué sous licence CC BY 3.0. Auteur C. Eeckhout

3 -   « différents types de procaryotes (bactéries) » ; est distribué sous licence CC BY-SA 3.0 Auteur Maulucioni Wikipédia.

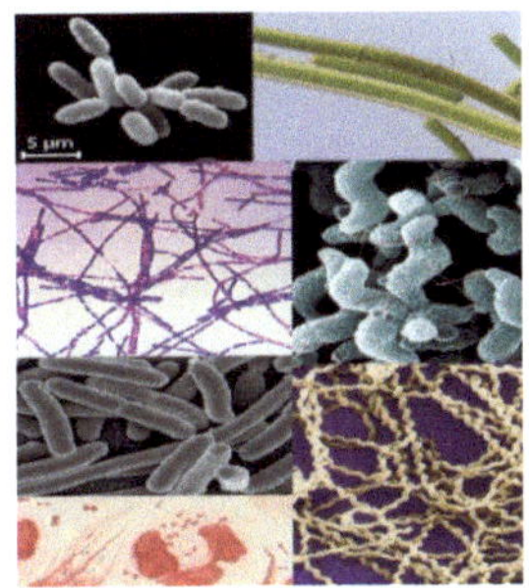

g) Les cyanobactéries, également appelées Algues bleues,

quoique malgré une ressemblance superficielle, ne sont pas des algues mais des *bactéries Procaryotes* coloniales souvent de forme filamenteuses, et pour la plupart, microscopiques : rarement bleues, mais de différentes couleurs.

Leur consommation *effrénée* de CO_2 (base de leur alimentation à partir de laquelle elles synthétisaient du calcaire), s'est accompagnée d'émissions massives d'oxygène – toxique pour elles – et de *désacidification* des océans. Tant et si bien qu'à la fin, elles ont régressé et laissé la place à d'autres espèces qui supportaient mieux l'oxygène et l'eau à PH neutre. Elles doivent leur quasi disparition à leur inconscience, au fait qu'elles ont détruit le

> monde dont elles dépendaient..., sans s'en rendre compte.
>
> *Article de Bruno Gentil, Président de France Nature Environnement, paru dans le Monde du 28/10/2010 « Moi, prédateur supérieur... »*

Leur présence en France comme ailleurs est favorisée par des déséquilibres atmosphériques. L'*eutrophisation de l'eau* qui en résulte, pose des problèmes responsables parfois d'intoxications graves pouvant causées des décès parmi les animaux et les humains.

> *La diminution progressives du pH des océans* : de 1751 à 2004, le pH des eaux superficielles des océans a diminué, passant de 8,25 à 8,14 : induit par l'augmentation des omissions de dioxyde de carbone (CO_2)... dans l'atmosphère.

h) L'eutrophisation

Des excès chimiques de nutriments (x) aboutissent à un degré d'eutrophisation. L'origine de ce phénomène date des Révolutions agricoles et industrielles - avec une acidification du milieu provoquant pollutions et maladies des plantes qui sont devenues particulièrement vulnérables.

L'eutrophisation est dangereuse pour la Biodiversité ; en effet, elle favorise des espèces à croissance rapide, envahissantes, et peut affecter tous les milieux. Là se pose les problèmes de santé environnementale car elle touche tant le milieu aquatique que terrestre : « l'eutrophisation a des coûts sociaux, environnementaux, juridiques et financiers importants.

(x)(x) ces nutriments sont : *l'Azote* (provenant surtout des Nitrates agricoles et des eaux usées mais aussi de la pollution automobile) ; *le Phosphore* (provenant surtout des phosphates agricoles et des eaux usées) ; *l'Ensoleillement et la Température de l'eau* qui tend à augmenter avec le temps.

i) Aménager durablement les pâturages naturels

« *pâture à vaches, dans un contexte rural boisé, à Bière (Canton de Vaud), Suisse* »
Auteur : Marc Mongenet ; est distribué sous licence CC BY 2.5. Wikipedia

Les pâturages naturels sont des terrains de parcours qui comprennent des prairies constituées de graminées vivaces, prairies trop sèches ou trop accidentées pour être cultivées mais servant au pacage des animaux. Sont *incorporées* aux pâturages naturels des forêts claires ou des savanes presque nues, sous le couvert d'arbres clairsemés. Ils englobent des pelouses, des garrigues, des formations arbustives désertiques, des maquis, des prairies de montagne, des pâturages alpins mais *également* les steppes et les toundras ou des bois ; ils sont situés au-dessus de la limite supérieure de la forêt.

Il devrait être possible d'envisager les mesures nécessaires pour limiter la *détérioration* du sol des pâturages. En effet, un usage excessif de ceux-ci laisse le *sol dénudé.* Du fait de la destruction des végétaux, le sol exposé à l'érosion, occasionnée par les intempéries, ne retient plus l'eau qui ruisselle plus abondamment et sur le terrain, sans la couche végétale, elle s'évapore rapidement. La planification des pâturages peut être une solution afin **d'éviter** l'usure des sols et de la végétation : améliorer les sols dégradés... **développer** la quantité d'herbe, d'espèces fourragères ou d'arbres espacés afin d'augmenter la production des pâturages tout en améliorant le régime des eaux, ce gaspillage d'eau dû aux ruissellements.

LYLE F. WATTS, Directeur du Service forestier des Etats-Unis, attire l'attention sur la nécessité d'élaborer un programme efficace au sujet de ces terrains de parcours, précisant :

« De vastes régions du globe, souvent associées au point de vue physique avec des terrains boisés, ne sont ni des forêts à proprement parler, ni des terres cultivées, ni des pâturages améliorés. Ces régions sont couvertes d'une végétation sauvage dont la conservation est de toute manière, importante pour la protection du sol et la régularisation du débit des eaux ; elles sont très souvent utilisées de manière intense comme pâturages, à la fois par les animaux sauvages et par le bétail. L'utilisation avisée de ces terres – communément appelées *range lands* aux Etats-Unis – est un complément et, en bien des cas, une des conditions d'une saine utilisation des forêts. Le terme *range lands* n'est, toutefois, pas toujours facilement applicable à des terres de caractère semblable en d'autres pays.

Il a été suggéré que le terme *wild lands (terres vacantes)* pourrait exprimer, suivant une terminologie non américaine, ce que l'auteur veut dire. Tandis que dans beaucoup d'autres pays, ces terres sont bien souvent mal utilisées, le Service forestier des Etats-Unis administre une importante étendue de ces *range lands*, en tant que propriété fédérale. »

Enfin, le Directeur du Service forestier des Etats-Unis fait ressortir l'importance de ces surveillances :

« ... Les pâturages naturels couvrent plus de la moitié de la surface totale du globe. ...»

« Des millions de gens, bergers nomades ou autres, vivent de ces terres. Bien d'autres millions de gens vivent, entièrement ou en partie, de l'exploitation, du transport ou de la vente de la viande, de la laine, des cuirs, du lait ou des autres produits de ces pâturages naturels. La quantité exacte de ces viandes consommées dans le monde et provenant de ces pâturages naturels n'est pas connue, mais elle doit être élevée.

Aux Etats-Unis, environ la moitié des troupeaux de bœufs et 70 pour cent des troupeaux de moutons doivent une grande partie de leur nourriture à ces herbages naturels. Le bétail élevé sur ces pâturages est la principale ressources de beaucoup d'agglomérations de l'ouest des Etats-Unis ; et ici comme dans bien d'autres parties du globe, les pâturages naturels contribuent à subvenir aux besoins en fourrage des exploitations agricoles, complétant les produits des herbages artificiels ou améliorés. »

« Depuis que la Commission intérimaire des Nations Unies pour l'Alimentation et l'Agriculture a posé les principes d'une organisation mondiale de l'alimentation et de l'agriculture, j'ai été frappé de ce que si peu d'attention ait été accordée aux pâturages naturels. Tout programme ayant pour but d'accroître la production mondiale d'aliments et de textiles ou d'améliorer le niveau de vie des nations, doit veiller à la protection et à l'utilisation rationnelle de ces terres.

On doit faire entrer ces pâturages en ligne de compte parce qu'ils représentent une partie considérable de la surface du globe et parce que la subsistance de beaucoup d'êtres humains en dépend. Dans le monde entier, on a souvent fait un mauvais usage de ces pâturages et on les a terriblement négligés, mais leur étendue est si vaste qu'ils arrivent encore à nourrir un grand nombre de bêtes, fournissant une quantité importante de produits animaux. De plus, la production de la plupart de ces pâturages pourrait encore être accrue et ils pourraient apporter une contribution bien plus importante au bien-être du genre humain. ...»

« ... Les pâturages naturels ont été exploités par les hommes depuis les temps préhistoriques. Une des premières et plus importantes étapes accomplies par l'homme préhistorique vers la civilisation a, sans doute été de sortir des forêts et des cavernes et de commencer à domestiquer et à faire pâturer les troupeaux d'animaux. On dit que l'homme néolithique a

> introduit les moutons, les chèvres et le bétail en Europe occidentale environ 10 000 ans avant Jésus Christ. L'élevage dans les pâturages naturels faisaient vivre les anciennes civilisations de Mésopotamie, d'Egypte, de Grèce et de Rome. L'usage abusif de ces pâturages naturels fut probablement une des causes qui contribua à leur déclin »...
>
> *Archives de documents de la FAO « Conservation des terres incultes ».*

j) La désertification des sols

> *La Convention des Nations unies sur la lutte contre la désertification (CLD, ou CNULCD) est la dernière des trois conventions de Rio à avoir été adoptée.*
>
> *Elle a été adoptée à Paris, deux ans après le Sommet de Rio, le 17 juin 1994, et est entrée en vigueur le 25 décembre 1996.*

> **Eviter absolument la désertification...** tels le « reg, désert de roches. Adrar mauritanien » :
>
> « l'aridification précède souvent la désertification ! »

Les *causes* de la désertification ne sont pas, selon les régions, toutes les mêmes. Grâce à l'Agriculture Durable, la « surveillance de la biodiversité » permet un ensemble de connaissances, techniques, moyens et actions, *adaptées* localement afin de remédier à ce problème.

La désertification est un problème d'environnement et de développement et la vie locale en est affectée. Néanmoins, localement, des initiatives intéressantes sont prises pour contrecarrer la *désertification rurale*, par exemple, ce village de Corrèze qui entreprend de multiples activités avec succès : ce sera l'accueil d'entreprises ou d'associations dont la Fondation Chirac pour accueillir les adultes handicapés, la reprise par la mairie d'une station-essence, une mini-crèche ou l'installation d'un nouveau médecin mais surtout beaucoup de projets ...

« A un moment, face aux carences du secteur privé, si l'on veut défendre notre qualité de vie, il faut bien se bagarrer, professe le maire, Jean-François Loge ».   *« L'Express Entreprise », 2/7/2014.*

*

La désertification peut être due :

- à la *sécheresse* qui amène la dégradation des terres, des sols, le rachitisme des animaux, des végétaux et leur mort, l'exode des populations et de leur bétail, mais d'autres causes aussi comme la déforestation, les défrichements intensifs ou les feux de forêt laissant les terres à nu, ou parfois, la surexploitation des sites, l'industrialisation...

Cependant sans aller, jusque là, une semi-désertification laissera des sols moins protégés par une végétation clairsemée, des sols *dégradés,* retenant moins l'eau donc il y aura baisse de productivité des sols et baisse des revenus des agriculteurs et pauvreté.

La Convention des Nations Unies sur la lutte contre la désertification, définit la désertification comme « la dégradation des terres dans les zones arides, semi-arides et subhumides sèches par suite de divers facteurs, parmi lesquels les dégradations climatiques et les activités humaines ». Article 1.A de la Convention.

Pour lutter contre la désertification, il n'y a pas une technique unique mais différentes techniques :

- en premier lieu, la sensibilisation de l'opinion publique,

ENCYCLOPEDIE DES PLANTES

1 - « le Tadrar rouge, à Djanet, dans le Sud saharien » Auteur : Cap Djinet ; est distribué sous licence CC BY-SA 3.0. 2 - « reg de l'Adrar mauritanien » ; est distribué sous licence CC BY-SA 3.0. Auteur : Ji-Elle   Wikipédia

(région de l'Adrar mauritanien)   1 - «fleurs du pommier de Sodome ((Calotropis procera) » ; est distribué sous licence CC BY-SA 3.0. Auteur Ji-Elle   2 - « peinture rupestre, près de Tergit » ; est distribué sous licence CC BY-SA 3.0.   Auteur Ji-Elle   Wikipédia

– gérer les écosystèmes arides, semi-arides...

– la coopération technologique et scientifique et développer des idées nouvelles...

– Pour contrer l'inexorable avancée du désert, la Jordanie aidée de la Norvège a mis au point le Sahara Forest Project. L'objectif premier est de restaurer des oasis riches en eau potable, en nourriture et en énergies renouvelables.

*

Extrait du compte-rendu de « DECENNIE DES NATIONS UNIES pour les déserts et la lutte contre la désertification. » www.un.org.fr

« Les zones sèches et les déserts représentent 41,2% de la superficie mondiale (les déserts : 6,6% et les zones sèches : 34,6%) :

– 2,1 milliards de personnes vivent dans des déserts et des zones sèches,

– 90% des populations des zones sèches vivent dans des pays en voie de développement,

– 50% du cheptel mondial se trouve dans les pâturages,

– 46% du carbone global est stocké dans les zones sèches,

– 44% de l'ensemble des terres cultivées se situent dans les zones sèches,

– 30% des plantes cultivées sont originaires des zones arides.

A l'échelle mondiale, 24% des terres sont en cours de *détérioration*. 1,5 milliards d'individus dépendent directement de ces zones en phase de dégradation. Près de 20 % des terres qui se dégradent sont des terres cultivées et 20-25% sont des pâturages. *Amélioration* : 16% des terres dégradées ont été améliorées entre 1981 et 2003 (43% étaient des pâturages, 18% étaient des terres cultivées).

*

Toutes les données proviennent de l'évaluation de

l'application des principes de gestion durable des terres, une solution ...

L'application de pratiques de gestion durable des terres aide à lutter contre la désertification et à rétablir et réhabiliter la terre, le sol, l'eau et la végétation. La gestion durable des terres renvoie à l'usage multifonctionnel de la terre et est opposée aux usages monofonctionnels. Il a été démontré que l'application des principes de gestion durable permet d'augmenter les rendements de 30 à 170%. Les terres perdues chaque année pourraient produire 20 millions de tonnes de céréales. La désertification et la dégradation représentent une perte de revenus de 42 milliards de dollards US par an. écosystèmes pour le Millénaire de 2005 ; compte-rendu de « Décennie des Nations Unies ».

A l'échelle internationale, la recherche scientifique au service de la lutte contre la désertification, s'organise en réseaux tels que ROSELT (Réseau d'Observatoires de Surveillance Ecologique à Long Terme) ou encore DesertNet international. Comité Scientifique Français de la Désertification.

*

« Les bandes enherbées ont valeur de dispositifs anti-érosion et zones d'expansion de crue. Elles limitent les apports au cours d'eau, de pesticides et d'engrais. Extensivement pâturées et/ou fauchées, elles jouent un rôle majeur de protection des berges et de corridors biologiques si elles ne sont pas polluées ni trop isolées par d'autres éléments naturels du paysage ».

Auteur : Zoran Pravdic ; est distribué sous licence CC BY-SA 3.0.   Wikipédia

Chapitre **11**

Les maladies des plantes et des arbres...
et « prendre soin des sols »...

A) Les sols, la terre et l'eau sont matières vivantes..

De nos jours, les agricultures sont soumises aux impératifs de la protection environnementale : écologique, paysagère et sociale...

Avant cela, elles connaissaient les excès qui ont fait que de nombreux sols se sont épuisés, une érosion intense s'est installée... les terres fragiles ont été exposées à une aridité dangereuse pour la survie des plantes, de la faune et par endroit des hommes.

La désertification des campagnes a amené souvent des « *squelettisations*» sociales dont les fonctions élémentaires des unités administratives.

> De ce fait, de nouvelles approches ont été adoptées pour contrecarrer les méthodes d'exploitation brutales : des techniques d'exploitation « dites douces ».
>
> En tout premier lieu, la préservation donc la réduction de la dégradation du sol végétal - une utilisation responsable - : des méthodes de culture douces, faisant des productions de qualité mais aussi l'aménagement environnemental et des écosystèmes.
>
> Elles préconisent la généralisation et la diversification des assolements et surtout, la fertilisation maximum de la culture d'espèces résistantes.

B) Le parasitisme chez les végétaux, chez les animaux

Dans la biosphère existent deux types de transfert

d'énergie entre êtres vivants :

– *la Prédation* : des systèmes « proie-prédateur » ;

– *le Parasitisme* : des systèmes « hôte-parasite » ;

on voit que dans tous ces cas, un organisme se nourrit au dépend d'un autre.

Lorsqu'il s'agit de parasitisme, il y a relation nourriture et relation habitat : pour un parasite, *l'hôte* c'est la « table et la maison ».

199

Mais hors les insectes, il existe certains organismes ne différant en rien des parasites : ce sont les bactéries (bactériologie), des virus (virologie) et des champignons (mycologie).

Cependant, puisque l'hôte est mortel, le parasite doit le quitter pour atteindre un *autre* individu « hôte » ; il a de ce fait le passage dans le milieu *extérieur* : (phase « libre » alternant avec phase parasitaire). La sortie de l'hôte oblige le passage dans le milieu extérieur : il y a eu arrivée et ensuite sortie, puis entrée dans l'hôte suivant.

Pour beaucoup de parasites, dont les *mésoparasites,* leur sortie de l'hôte est facile puisqu'ils vivent dans des « habitats ouverts » sur le milieu extérieur, par exemple les intestins.

*

Le parasitisme chez les végétaux

La plante parasite est une plante qui se développe, vivant au détriment de l'hôte, autre plante.

- *95% des plantes parasites sont des Champignons appartenant à tous les grands groupes fongiques ;*
- *les 5% restant sont :*
  - des Bactéries (Eubactéria et Mycobactéria seulement),
  - des Algues (peu nombreuses, quelques Dinophycées,

Chlorophycées et Rhodophycées),

- une Gymnosperme (Podocarpus ustus de Nouvelle-Calédonie),

- des Angiospermes dicotylédones (certaines feuilles seulement),

- aucune Bryophyte,

- aucun Pteridophyte (lycopodes, prêles ...),

- aucun Angiosperme monocotylodone n'est parasite.

(le vocable « angiosperme » (il y aurait 369 000 espèces en 2015 et 2 000 espèces supplémentaires par an) - signifiant en grec « graines récipient » par opposition aux gymnospermes « graines nues ».)

201

... présents dans les paysages tropicaux et tempérés ainsi que dans le milieu aquatique.

ENCYCLOPEDIE DES PLANTES

Page précédente : 1 -« champignons de différents groupes »; est distribué sous licence CC BY-SA 2.5. Auteur BorgQueen   2 - « détail d'une feuille de bananier, plante vasculaire » ; est distribué sous licence CC BY-SA 3.0   Auteur Bouba.de

3 - « plantes à fleurs parasites : Planche botanique 1902 (1 – Aphyllon uniflorum ; 2 - Conopholis américana ; 3 - Cuscuta gronovii ; 4 – Phoradendron flavescens ; 5- Orobanche minor ; 6 – (Epifagus americanus) ». d.p.   Dood, Mead and Comp.- New International Encyclopédia   Wikipedia

*

La bactérie Agrobacterium tumefacien   infecte les végétaux
essentiellement des **dicotylédones) à la faveur d'une blessure.**
S'attachant aux cellules végétales, elle
met en place un système de transfert d'un fragment de son ADN,
vers la cellule blessée.   Agrobacterium tumefacien
(recémment renommée Rhizobium radiobacter₁)
est une bactérie à coloration de Gram négative trouvée dans les sols :
responsable d'une maladie appelée galle du collet (ou en anglais : crown-gall) :
sur racines blessées de plantes, s'attachant ainsi sur cellules végétales.

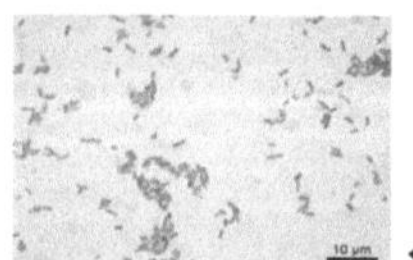

« des bactéries à Gram négative (col. Rouge)
(Escherichia coli) (du nom du bactériologiste danois Hans Christian Gram) »
; est distribué sous licence CC BY-SA 3.0   Auteur Y_tambe   Wikipédia

*

(Tous nodules ou proliférations anarchiques, les galles par exemple, peuvent être causées par des insectes, champignons ou bactéries...)

Les dicotylédones *(anciennement Magnoliopsida) est un groupe d'espèce végétale faisant partie des angiospermes ou plantes à fleurs – présents dans la plupart des écosystèmes ; il y a environ 200 000 espèces sur terre.*

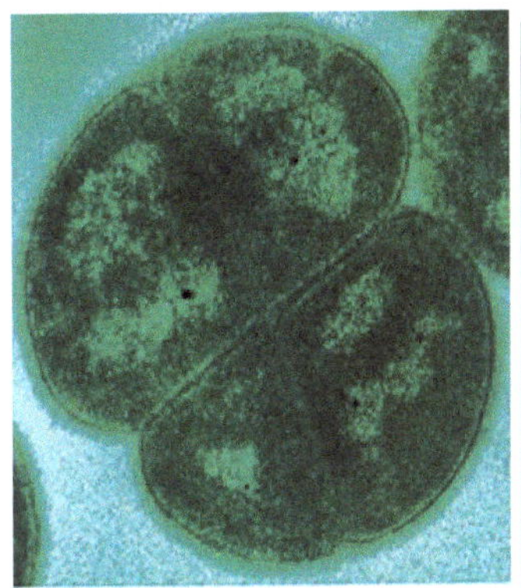

204

*

Les hôtes des parasites végétaux sont surtout des plantes vasculaires et, presque aussi nombreux, les animaux terrestres :

- les Insectes (tous les grands groupes),

- les Mammifères, principalement domestiques

- les humains ;

cependant, il y a aussi des Champignons qui parasitent d'autres champignons et des Algues qui parasitent d'autres algues.

*

C/ Maladies : effets toxiques - et quelques traitements. -

Préventivement :

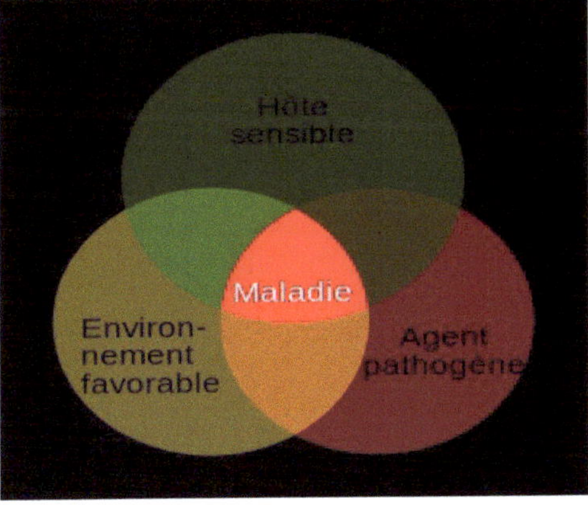

206

*

- espacer suffisamment les plantes pour éviter l'humidité ;

- surveiller, nettoyer régulièrement les plantations et aérer le centre des plantes pour éviter la stagnation de l'eau... ;

- traiter préventivement les sujets sensibles ;

- supprimer rapidement les parties ou sujets atteints : ne pas les jeter sur le sol pour éviter la propagation des maladies mais les brûler... ;

- l'arrosage ne se fera pas sur la plante mais au pied du plant...   *Bien désinfecter les mains ou les instruments transportant les microbes d'une plante à l'autre...*

1 - **L'oïdium (champignon)**

le mal débute (souvent en mai du fait de l'humidité et des chaleurs débutantes) par un feutrage, d'aspect farineux (blanc ou blanc-grisâtre), sur les feuilles, tiges, fleurs ou fruits. Les feuilles peuvent se déformer...

1 / Traitement :

au début de l'hiver (préventif puis par la suite, en curatif (mais *éviter le soleil),* même lors de forte infection) : dans 2 litres d'eau, mettre 25 ml *d'eau de Javel* (bon résultat pour atteinte de la vigne mais radical aussi pour les rosiers...) ;
plus concentré, pour traiter l' « encre des arbres », les noyers : la cicatrisation et la guérison interviennent rapidement.

2/ Traitement naturel : le purin de prêle contenant de la silice, ou une infusion d'ail mélangé à du lait (antifongique). L'oïdium est un composé hydrophile, de ce fait soluble dans l'eau ou alcools, ammoniaque... pour éviter son développement notamment en serre : utiliser plusieurs infusions de soufre.

3/ *Le traitement au lait est simple, efficace :* mélange d'eau et de lait écrémé ou « petit-lait » (10 pour 1). La vaporisation (justement dosée) de la plante renforcerait les défenses immunitaires. Cependant, un surdosage de lait permettrait le développement de champignons.

Le traitement par vaporisation de *bicarbonate de soude* ou de *potassium* (1 cuillerée à café par litre d'eau) et une cuillerée à café de savon de Marseille, lait ou huile afin que les feuilles en restent imprégnées.
Tous ces remèdes utiles et aident à préserver l'environnement.

*

Pour les arbres, au début de l'hiver

4/ *Traitement préventif :* acheter en pharmacie du *permanganate de potassium* (1,5 à 3 gr par litre d'eau) :
- le traitement préventif sera *en hiver* (entre novembre et février) ; il ne sera pas systématique, mais seulement en fonction de l'état des arbres (sujets affaiblis ou ayant été victimes les années précédentes d'infections) - (période du bourgeon dormant ou bourgeon d'hiver – et à éviter

209

lorsque la température est à -4°) : sur le pommier, le poirier, ou le cognassier...

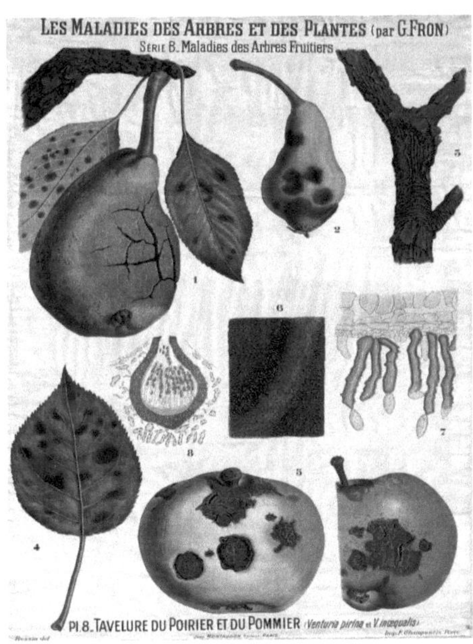

« maladie fongique, la tavelure du pommier » ; est distribué sous licence CC BY-SA 3.0   Util. Rasbak   2 - « planche botanique, la tavelure du pommier et du poirier »   d.p.   Auteur G.Fron   Wikipedia

5/ Traitement à base de cuivre : l'utiliser pour lutter contre *la tavelure* qui peut toucher l'amandier, le pommier, le poirier.. - *le chancre bactérien* qui touche le cerisier ; *l' anthracnose*, le noyer ; *la cloque du pêcher* (au début)...

6/ *Traitement, entre décembre et février, à l'aide d'huiles blanches* qui sont des huiles insecticides, à base de paraffine, asphyxiant les insectes : contre les cochenilles, les ravageurs d'agrumes ou figuier, kiwis...

Pour les arbres, après l'hiver...

7/ *Traitement après l'hiver (environ de mars – avril), à base de cuivre,* sur le cerisier afin de lutter contre le chancre bactérien et la cloque du pêcher...   A l'époque du débourrement des bourgeons : débuter les premiers traitements contre la moniliose pour toutes les espèces à noyaux...

8/ *Traitement à base de soufre :* pour les pommiers, poiriers, noisetiers touchés par l'oïdium : Ce fongicide soufré à pulvériser (poudre) - ou soufre mouillable ... est autorisé par le cahier des charges des productions agricoles biologiques ; du fait des propriétés désinfectantes et fongicides : il maîtrise et ralentit la croissance et détruit le champignon pathogène ainsi qu'effets sur les maladies cryptogamiques.

les botrytis, pourriture du raisin – maladie de l'olivier – mildiou dans les vignes – maladie et ravageurs du verger, vers dans les pommes - rouille, arbres, arbustes et fleurs – lutte contre le pourridié (ou armillaire), maladie assez grave qui s'attaque aux racines – maladies des orchidées, champignons, virus ou bactéries – mildiou des tomates, il n'y a pas de remèdes à 100%, alors prévoir – maladies du rosiers, les nourrir fréquemment à l'aide de compost afin qu'ils échappent aux maladies - le marsonia sur le rosier, taches noires sur le rosier -cloque du pêcher – verticilliose – pourriture blanche des allium :ail, oignon, échalote, poireau – fonte des semis, une maladie fongique – moniliose, répandue dans les vergers – fumagine, poudre noire collante sur les feuilles – oïdium, la maladie du blanc, dans les vergers ou potagers – coryneum, criblure, feuilles tachées et percées avant chute des fruits – anthracnose, atteint arbres et arbustes – les chancres, tous les arbres fruitiers notamment pommiers, pruniers, cerisiers et arbres genre prunus - parasites et maladies du printemps – tavelure, pommiers, poiriers – entomosporiose, nombreux végétaux dont les cognassier, poirier et photinia, taches noires et rondes – oïdium des cucurbitacées, melon, concombre, courgette...

9/ Traitement à l'aide d'huiles blanches : contre les pucerons, pucerons suceurs, provoquant l'enroulement des feuilles ; pulvérisation à faire lorsque les bourgeons commencent à gonfler et ensuite, lorsque les écailles commencent à s'écarter... (pour abricotier, cerisier, pêcher, pommiers, pruniers...

10/ *Traitement à l'aide de purin d'ortie ou décoction de prêle :* avant le débourrage des bourgeons, pulvérisation à appliquer sur tous les arbres fruitiers pour les rendre résistants aux maladies ou aux ravageurs...   Le purin d'ortie peut être associé à une décoction de prêle, en dilution 10 %.

***

2 - Le feu bactérien

« *symptôme du feu bactérien* » ; est distribué sous licence CC BY-SA 3.0   Source UMR,

pathologie médicale Angers, France

Le feu bactérien -   Il s'agit d'une maladie infectieuse, redoutable, dûe à une bactérie, qui atteint principalement les Rosacées.

C'est en 1780 que la maladie semble avoir débuté aux U.S.A avant de se répandre sur tout le continent Nord-Américain, en Nouvelle-Zélande, en Europe en 1966 et sur le pourtour méditerranéen. Elle est maintenant présente dans 45 pays.

Elle atteint en premier lieu, les arbres, arbustes de la famille des Rosacées : plantes herbacées, arbustes, arbres ainsi que de nombreuses espèces sauvages : sorbier, aubépine, prunellier, églantier, ronce commune, fraisiers, benoîtes, potentille, reine des prés, pimprenelle, aigremoine, etc.. et espèces cultivées : abricot, amande, cerise, coing, cynorrhodon (églantine), fraise, framboise, mûre, nèfle, pêche, plaquebière (ronce des tourbières), poire, pomme, prune.

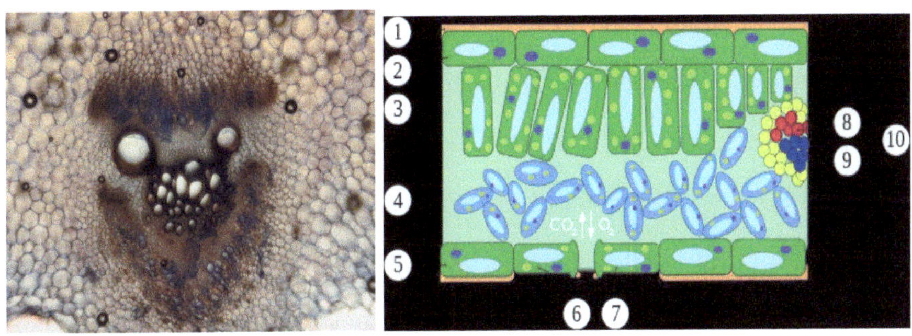

1 - « *pommier atteint par le feu bactérien* : les branches et feuilles semblent avoir été atteints par le feu (infection sévère) mais les fruits peuvent présenter un apparence normale (tout en étant malades)»   d.p. Photo Peggy Greg   2 - « **nectaires** floraux d'Euphorbia genoudiana » ; est distribué sous licence CC BY-SA 3.0   Franck Vincentz

3 - « **faisceau vasculaire** du Cucurbita pepo » d.p. Util Rasbak   4 - « shéma d'une coupe transversale de feuille montrant ses différents constituants: (1)cuticule ; (2 et 5) épiderme ; (3) parenchyme palissadique ; (4) parenchyme spongieux ; (6) **stomate** ; (7)

Le Cycle de la maladie « le Feu bactérien, appelé aussi « brûlure bactérienne » (au Canada) »

La bactérie, responsable de cette maladie, appelée « *Erwinia amylovora* » : bactérie Gram-négative   de la famille de Enterobacteriaceae *se propage à partir de lésions actives* et est disséminée par des *insectes* pollinisateurs pendant la floraison ou par le vent, la pluie. Cependant, elle pénètre aussi par les ouvertures naturelles qui sont le nectaires ou les stomates (petits pores dans l'épiderme des feuilles) ou même des blessures – en période de floraison ou de croissance de pousses. Dans l'hôte, elle se développe notamment dans les tissus jeunes en croissance ; on peut voir alors des gouttelettes d'exsudat, épanchement d'une matière liquide séreuse qui permet un grand développement de la bactérie. Il y a alors nécrose des tissus atteints : les rameaux et les feuilles flétrissent, se dessèchent. La bactérie se multiplie, atteignant les vaisseaux du xylème, constitués de faisceaux de cellules mortes ayant la capacité de transporter de grande quantité d'eau et de nutriments à partir de la racine jusqu'aux feuilles.

C'est en fin de croissance végétative de l'arbre qu'apparaissent sur les branches ou tronc de l'arbre, des chancres dans lesquelles la bactérie reste au repos végétatif, redémarrant sa multiplication au printemps suivant. Ce qui peut se produire pendant plusieurs années !

Méthode de lutte contre le feu bactérien

La première des mesures à prendre sera l'éradication (suppression manuelle des pousses ou arrachage de l'arbre et les brûler...).

- *Intervenez dès les tout premiers symptômes en supprimant immédiatement la partie de plante (en coupant largement en dessous des lésions apparentes 0,50 m à 1 m), ou la plante entière (à arracher), atteinte et brûlez-la sans tarder.*

A titre préventif, la lutte chimique existe - cependant elle nuit beaucoup à l'environnement. *Quand aux lutte biologique,* lutte génétique, *stimulation des défenses naturelles* de l'hôte diversité génétique de l'hôte, autant de recherches en cours à ce jour... on ne dispose encore d'aucun traitement vraiment efficace. Vous craignez, par exemple, une récidive ou la présence proche de foyers de cette maladie : vous pouvez effectuer une *pulvérisation préventive de décoction de prêle ou d'argile en mars-avril :* cela freinerait l'apparition et la diffusion de la maladie.

les Biostimulants non vivants. De plus en plus, il est utilisé des *biostimulants* tels que des bactéries (ex. : Bacillus), des champignons (ex. : mycorhizes) et des nématodes... et des antibiotiques, des vitamines... *On parle de tolérance pour les plus résistantes (Harrow sweet et Général Leclerc pour les poires). Les plus sensibles sont la Passe-crassane.* -

Aux Etats-Unis et dans certains pays de l'hémisphère Sud, un traitement antibiotique (streptomycine) est autorisé dans les vergers. En France, cet antibiotique y est interdit, pour des raisons de santé publique... Une bonne raison de plus pour acheter local ! Site www.gerbeaud.com

Comment prévenir l'apparition du feu bactérien

- Quels sont les moyens de lutter contre l'apparition de la maladie, le feu bactérien :
- les outils, les mains et vêtements doivent être désinfectés après chaque coupe : à l'alcool à brûler ou à l'eau de Javel ;
- évitez de procéder à des arrosages excessifs, notamment par aspersion ;
- appliquez si possible toutes les mesures préventives possibles pour éviter l'apparition de la maladie :
- et surveillez attentivement au printemps les plantes récemment introduites dans votre jardin, qui pourraient être sensibles au feu bactérien ;
- si vous observez des chancres d'une infestation passée, supprimez-les également avec un couteau bien affûté, en parant soigneusement la plaie.

- Grâce à la *bouillie bordelaise* ou avec *une pâte cuprique,* vous *désinfectez* les « coupes ». Brûlez chaque année soigneusement les déchets végétaux situés sous une espèce sensible ou qui a déjà eu des signes de maladie.
- Pour les poiriers, supprimez, si c'est faisable, les floraisons secondaires abondantes, et ramassez les fruits non récoltés.
- Essayez de ne planter que des variétés plus résistantes, et, au moins, d'éviter de choisir des espèces très sensibles.

*

> *Certaines variétés de pommier et poirier (comme Evereste ou Old Home) présentent une **résistance** quasi-totale à **Erwinia amylovora**.*

3 - Le pommier Evereste

1 - « *Malus Evereste au printemps* » d.p.   Auteur Wouter Hagens
2 - « *une branche d'Evereste avec des pommes* ».   d.p.   Auteur Wouter Hagens
Wikipédia

- *Petit arbre pouvant mesurer jusqu'à 5 m de hauteur ; il a des fruits, jaune-oranger qui sont des petites pommes (de 1 à 3 cm de diamètre) insipides.   Néanmoins, la qualité et l'abondance de son pollen en fait un excellent pollinisateur pour les pommiers à fruits.*
- *Cet arbre résiste parfaitement aux principales maladies telles que le feu bactérien, la tavelure du pommier et même l'oïdium.*

*

4 - L'ergot de seigle : maladie des grandes cultures...

Pour les grandes cultures,

> *Les rotations complexes* - avec différentes cultures du même type seront par exemple : Orge - Blé d'hiver - Maïs - Tournesol - Sorgho - Soja ou bien Orge - Colza - Blé - Pois.
>
> Cela se rapproche de l'exemple des rotations simples additionnées : l'Orge remplace un des Blés, le Sorgho remplace un Maïs et le Tournesol remplace un Soja.
>
> *Les avantages*
> Ce type de rotation est capable de créer de nombreuses combinaisons. Cette approche est efficace pour lutter contre des maladies spécifiques à une culture comme le nématode à kyste sur soja, phoma sur colza ou la chrysomèle sur maïs. Les maladies telles que la pourriture blanche qui ont des hôtes multiples répondent de la même manière que dans les rotations simples additionnées...
>
> *Extrait « www.agriculture-de-conservation.com »*

Les plantes et maladies transmises

Sur les bords des chemins, on rencontre le *Vulpin des champs*, il s'agit d'une plante fourragère – visible parfois dans les prairies ou dans les friches. Envahissante, elle est considérée comme une mauvaise herbe dans les champs de céréales. Cette plante se reproduit par des graines : chaque pied peut produire jusqu'à

3 000 graines et la pollinisation se fait par le vent.

Apparaît alors un *miellat,* liquide épais et visqueux, provoqué par des *champignons* du genre claviceps purpurea sur le seigle ; ce *miellat* attire les insectes...

C'est après une utilisation intensive d'herbicides que le développement d'une variété de vulpin des champs, résistante, posa des problèmes aux paysans - car, dans les champs de céréales, elle permet l'amplification de *l'ergot du seigle*, servant de plante relais.

*

I - L'ergot du seigle *(claviceps purpurea)*

Il s'agit d'un champignon, parasite du seigle et d'autres céréales. C'est un agent toxique responsable de maladies aux *signes convulsifs* ou aux signes *gangrèneux, oedèmes... ou nécroses des tissus.*

Il est responsable de *l'ergotisme.* Le signe distinctif de l'ergotisme causé par le champignon *claviceps purpurea* est la *présence d'un sclérote* (en lieu et place d'une graine) ; ce sclérote produit des alcaloïdes très dangereux pour l'homme.

Les sources de contamination proviennent souvent de graminées « hôtes » en bordure des champs : l'ergot du seigle peut parasiter bien des espèces de céréales.

Il y a lieu alors de limiter *l'inoculum* (substance contenant des germes vivants) en vue d'immuniser la céréale, ou éventuellement la guérir : il faut alors utiliser des semences *indemnes* de sclérotes ou de fragments de sclérotes.
... et la nécessité de faucher soigneusement les abords des terrains, mais aussi de faire un *désherbage antigraminées* afin de limiter les plantes relais ...

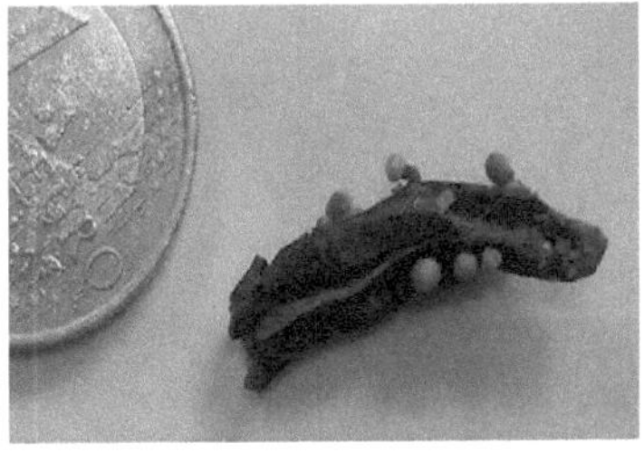

1 - « *(Vulpin des champs)* *Alopecurus myosuroides* (« *queue de renard des champs* ») Auteur Kurt Stüber ; est distribué sous licence CC BY-SA 3.0.

2 - « *miellat dû à une* **attaque d'ergot du seigle** » Auteur Dominique Jacquin ; est distribué sous licence CC BY-SA 3.0.

3 - « *ergot de seigle sur le seigle (Secale cereale)* » Tel par Rasbak ; est distribué sous licence CC BY-SA 3.0.

4 - « *Stromas germant sur un sclérote* » Auteur : Odile Jacquin ; est distribué sous licence CC BY-SA 3.0.

Wikipedia

> « *le désherbage d'automne* diminue fortement la contamination d'alcaloïdes dans la récolte : l'agriculteur maîtrise ainsi le risque sanitaire et économique. »
> *ADAMA France, 92316 Sèvres Cédex - information.fr@adama.com*

*

Rotation des cultures
« INFLOWEB (connaître et gérer les plantes adventices) »

(Les principes de la lutte agronomique)
(quelques partenaires du projet INFLOWEB : ARVALIS : Institut du végétal, INRA, ACTA : Réseau des instituts des filières animales, etc...) :

« Les vulpins germent préférentiellement dans les colza et les céréales d'hiver semées tôt.

L'introduction de cultures de printemps et d'été dans la rotation casse le cycle de l'adventice. En diversifiant les cultures de la rotation, a fortiori en *choisissant des espèces dicotylédones*, on élargit la panoplie des substances actives efficaces. »

En effet, l'ergot du seigle contient des alcaloïdes polycycliques, qui sont responsables des toxicités en alimentation humaine et animale...

Qui ne se souvient de « l'Affaire du pain maudit » qui eut lieu en 1951, à Pont-Saint-Esprit. Il s'agissait d'une intoxication attribuée au pain ayant contenu l'ergot du seigle : des morts et des dizaines d'internements en Haute-Provence, sans compter les centaines de victimes atteintes plus ou moins gravement.

225

Cependant, les plus graves épidémies d'ergotisme eurent lieu avant cela : c'est ainsi que François Quesnay, le médecin de Madame de Pompadour, se pencha sur la « *gangrène des Solognots* » et découvrit que cette maladie était provoquée par la consommation de seigle avarié (en cette période de famine, les habitants fabriquaient leur pain avec toutes les sortes de grains, ou leur bouillie).

MINISTERE DE L'AGRICULTURE, DE L'ALIMENTATION, DE LA PÊCHE, DE LA RURALITE ET DE L'AMENAGEMENT DU TERRITOIRE
Direction générale de l'alimentation
Service de la prévention des risques sanitaires de la production primaire ;
Sous-direction de la qualité et de la protection des végétaux
Bureau des biotechnologies, de la biovigilance et de la qualité des végétaux.
Adresse : 251, rue de Vaugirard - 75 732 PARIS CEDEX 15   www.fredon-lorraine.com

Objet :
Etat des lieux sur l'ergot des céréales (Claviceps purpurea) et rappels règlementaires en début de campagne 2011.   Références : (entre autres...)

- Règlement (CE) n° 178/2002 du Parlement européen et du Conseil du 28 janvier 2002 établissant les principes généraux et les prescriptions générales de la législation alimentaire, instituant l'Autorité européenne de sécurité des aliments et fixant des procédures relatives à la sécurité des denrées alimentaires.
- Règlement (CE) n° 852/2004 du Parlement européen et du Conseil du 29 avril 2004 relatif à l'hygiène des denrées

alimentaires.
- LDL/MUS/2009-0121 du 17 juillet 2009 : E.

Résumé :

L'objet de la présente note est de rappeler, en début de campagne 2011, la vigilance qu'il est nécessaire de continuer à exercer vis-à-vis de l'Ergot des céréales, peu présent au champ en 2010, mais dont la résurgence régulière dans la dernière décennie, assure à ce parasite un établissement en tant qu'inoculum dans le sol de différentes régions céréalières, prêt à déclarer localement, de fortes attaques en cas de conditions favorables. Le message illustré en annexe peut renseigner les Bulletins de santé des végétaux...

***

Les données connues sur les facteurs favorisant l'apparition d'une épidémie d'Ergot sont les suivantes (entre autres...)

1 - *Effet des pratiques culturales* (travail du sol, rotations, date de semis, date de floraison) : entre autres ... bandes enherbées, date de récolte ; les rotations *riches en céréales à pailles*, hors avoine, ont tendance à favoriser l'implantation locale du champignon...

2 – *Climat ambiant (hiver froid, printemps pluvieux)* - un hiver froid permet aux sclérotes en surface et dans les horizons superficiels du sol d'acquérir un bon pouvoir germinatif - et un minimum d'humidité du sol au printemps pour que cette germination ait lieu...

3 – *Localisation et état de salissement de la parcelle* - les parcelles les plus touchées (épicentre de l'épidémie) semblent plus humides que les parcelles épargnées par l'épidémie : ce sont par exemple des parcelles en fond de vallée humide. Les parcelles de céréales dont le désherbage *antigraminées* est mal maîtrisé sont

également plus touchées que les parcelles propres...

4 – Présence d'insectes
La présence de Cécidomyies semble coïncider avec les situations et les années à épidémie.

5 – Origine de la semence
Les semences de ferme sont susceptibles de présenter des taux de sclérotes plus élevés que les semences certifiées. Ces sclérotes sont une première source de contamination des parcelles qui en étaient indemnes.

o

II - Rappel des obligations des producteurs :
« rappelant aux producteurs leur responsabilité en tant que premier maillon de la chaîne alimentaire... »

1 – Tenue de registre
D'après l'Arrêté du 16 juin 2009, Art.3,2°, les exploitants doivent indiquer dans leur registre : « Toute présence repérée d'organisme nuisible ou de symptômes susceptibles d'affecter la sécurité sanitaire des produits d'origine végétale destinés à l'alimentation humaine ou animale [...] et notamment les informations suivantes : le nom de l'organisme nuisible ou, à défaut, une description de l'anomalie constatée ; la date du premier constat.»

- 2 – Adoption de pratiques culturales permettant de limiter les contaminations :

– *Privilégier* le labour *après* une épidémie (car le labour enfouit les sclérotes à 4 cm : là où elles ne peuvent plus

germer) ; (mais ensuite, dans un sol ayant subi une partielle contamination : ne travailler le sol *que superficiellement* afin d'éviter toute remontée en surface de ces sclérotes).
– Employer des semences certifiées ;
– Contrôler le développement des graminées adventices
– Faucher les graminées sauvages avant floraison (sauf avis contraire par arrêté préfectoral en raison de la préservation de la faune sauvage) ;
– Autocontrôle possible à la ferme ;
– Tri admis ;
– Elimination des déchets (sclérotes) (à brûler de préférence).

3 – Retrait/rappel des lots contaminés dépassant les seuils.
Les lots de céréales dépassant les seuils indiqués, préjudiciables à la santé, ne peuvent être mis sur le marché dans la chaîne alimentaire [articles 14 et 15 du règlement (CE) n° 178/2002].

*

III - la vigilance s'impose
pour limiter l'extension du champignon sur le territoire.

1 - Conseiller l'emploi de semences certifiées

En 2009, seulement 57% des emblavements en blé tendre étaient réalisés avec des semences certifiées ; les autres surfaces (43%) semées avec des semences produites à la ferme ou triées à façon, pour lesquelles certains lots pouvant être non conformes.

En matière de semences certifiées, la norme est de 3 ergots ou morceaux d'ergot par 500g. En 2009, 97,5 % des lots de semences certifiées étaient totalement exempts du parasite.

2 – *Pas de traitement autorisé*

Il n'y a pas de produit autorisé pour lutter contre l'Ergot, ni sur semence, ni en végétation. Les graminées sensibles à l'Ergot : vulpin, ray-gras et chiendent servant souvent de « plantes relais ».

3 - *Surveillance en végétation*

Surveiller en bordure de champ l'apparition des sclérotes.

En cas de détermination du champignon sur graminées prairiales ou sur céréales, des échantillons d'ergot pourront être envoyés séparément, pour analyse des alcaloïdes réciproquement présents, à :

IFBM Qualtech   7, rue du bois Champanelle
54 500 Vandoeuvre-lès-Nancy
03 83 44 88 00
... une copie des résultats d'analyses sera transmise au BBBQV.

4 - *Tri des lots contaminés*

A priori, la mise en conformité de la céréale brute par tri est possible, ce qui signifie un tri mécanique mais non une dilution qui reviendrait à l'utilisation d'une matière première non conforme, ce qui d'après le règlement (CE) 178/2002 est interdit.

Le tri à la ferme est souvent limité par le manque de matériel adapté tandis qu'en coopérative un triage des lots peut être réalisé sur tables densimétriques.

Le triage colorimétrique au trieur optique permettant d'éliminer complètement la présence de sclérotes ou de fragments de sclérotes dans les lots de semence, est encore plus efficace mais plus long à réaliser.

230

5 - *Destruction des sclérotes*

Les sclérotes résultant du tri ne doivent pas être donnés aux animaux.

Les sclérotes peuvent être détruits par incinération ou être décomposés par un compostage classique avec enfouissement dans une fosse recouverte de terre pour éviter la dissémination des spores.

et :

Gestion des terres contaminées :

A l'issue d'une épidémie, un *enfouissement des sclérotes* par un labour doit être considéré comme une correction utile à conseiller même dans les régions où l'abandon du labour est devenu systématique.

Pourquoi pas instaurer une rotation des cultures entre deux céréales à pailles ?

Les dicotylédones ainsi que le maïs et le sorgho ne sont pas sensibles à l'Ergot et *peuvent jouer un rôle* dans l'interruption du cycle du champignon à condition que ces cultures soient indemnes de graminées adventives ou de repousses de céréales à pail*les*.

***

5 - La bouillie bordelaise

un remède préventif

1 - « *Bouillie Bordelaise sur des feuilles de vigne* » ; est distribué sous licence CC BY-SA 3.0   Auteur Pg1945

 2 - « *Sulfate de cuivre utilisé pour la préparation de la Bouillie Bordelaise* »   d.p.   Auteur Benjah-bmm27

Wikipédia

Il s'agit d'une préparation ancienne qui est encore utilisée, à ce jour, pour *traiter des arbres fruitiers*, potagers mais surtout la vigne malade du Mildiou... c'est un *désinfectant* mais son traitement est à titre *préventif.* Dans le commerce, ce produit existe sous forme de poudre ou de micro-granulés, cependant, les produits nécessaires pour fabriquer la Bouillie Bordelaise sont les suivants :

• du Sulfate de cuivre, de la Chaux bien éteinte (PH élevé) et de l'eau.

• Cependant, attention, il est indispensable d'*utiliser* des gants et des lunettes de protection – et ne pas avoir de contacts répétés avec la peau mais surtout les yeux.

• Dans un 1er récipient, placer 80 gr de Chaux éteinte, dans 5 litres d'eau ;

• Dans un 2ème récipient, 150 gr de Sulfate de cuivre, dans 5 litres d'eau.

• Mélangez le tout...

Néanmoins, il faut savoir que ce produit est de plus en plus *décrié* du fait de la *toxicité* du Cuivre : en effet, il contient du cuivre qui est un toxique pour l'environnement.

• *Néanmoins elle peut être utile pour cicatriser la* ***plaie*** *d'un arbre !*

• Ce fongicide minéral est *toléré* en agriculture biologique, avec une *dose* maximale moyenne autorisée de 6 kg de cuivre par hectare et par an. Mais pourquoi dit-on "toléré" et non tout simplement "autorisé" ?   Parce que la bouillie bordelaise, et plus précisément le *cuivre* qu'elle contient (20% de cuivre dans la poudre), est *toxique*.   Moins que les fongicides de synthèse, certes, mais toxique tout de même.   Fongicide, bactéricide, algicide : le cuivre de la bouillie bordelaise n'est pas innocent. Tout   produit de traitement, y compris celui que l'on dit "bio" ou "naturel", est un produit nocif !   (toxique pour l'homme, pour la faune : oiseaux, abeilles car le cuivre recouvre les plantes, mais aussi les vers de terre, les poissons, tous les acteurs de la biodiversité et les sols) : or c'est un produit *non-biogradable* ! www.gerbeaud.com

6 /Pour remplacer la bouillie bordelaise,

quelques idées pour traiter les plantes :

— *utiliser* le Bicarbonate de soude pour *lutter* contre le mildiou à raison de 5 g par litre, (préparation suffisamment concentrée semble t-il mais les concentrations peuvent aller de 2,5 g à 10 g par litre). Afin de fixer le produit sur les feuilles, il est possible d'*utiliser* le savon de Marseille ou du savon noir (à ajouter à la préparation).

—La formule chimique du bicarbonate de soude fait d'elle un sel alcalin, qui a le pouvoir de neutraliser un milieu dont le pH est trop acide. On dit qu'il s'agit d'une solution tampon.

***

7 - Les maladies causées par des insectes chez l'homme et l'animal....

*

a) l'insecte « Anophèle »
qui s'alimente d'algues, de bactéries et de micro-organismes,
sous la surface de l'eau...

Il existe 464 espèces d'anophèles dont 68 espèces transmettent les parasites Plasmodium (genre de protozoaires parasites) à l'être humain ou aux animaux ; ils propagent, entre autres maladies, le paludisme, infectant en premier lieu, les *hépotocytes (cellules du foie)* et ensuite les *érythrocytes (hématies ou communément appelées globules rouges).*

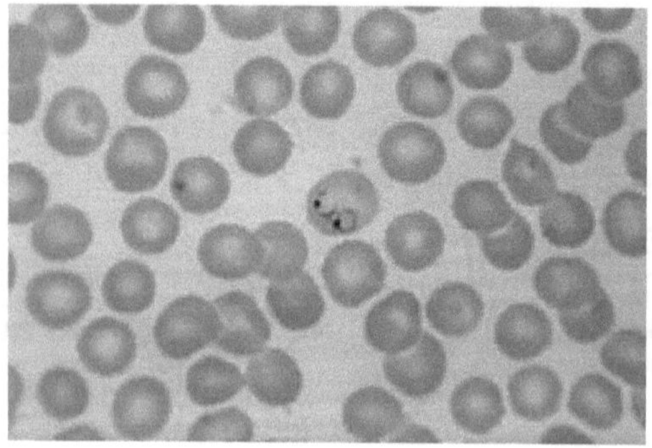
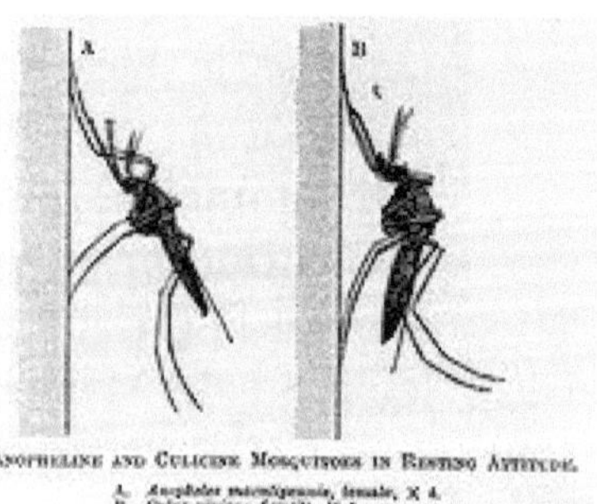

1 - « anneaux de plasmodium vivax dans un érythrocyte » ; est distribué sous licence CC BY 2.0.   Tel Merlin magicien
2 -   « Position de repos : (A) Anopheles (l'angle formé par le corps et le support varie entre 40 et 90°) - (B) Culex (le corps est parallèle au support) »   d.p.   User : Shyamal - British Museum (spécial guide 7)   Wikipedia

« carte de répartition : insectes anophèles » -   d.p. - *Auteur U.S. CDC*

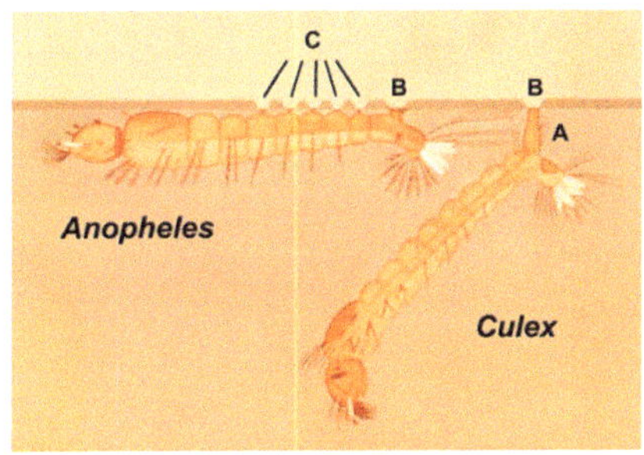

« représentation latérale de larves d'Anophèles et de Culex dans leurs positions caractéristiques »   d.p. Util. Küchenkraut.   Wikipédia.

Représentation de la position de la larve des Anophelinae et des Culicinae (ici Culex) à la surface de l'eau. A: siphon respiratoire; B: papilles annale postérieure; C: soie palmée. À gauche: Anophelinae; la larve se maintient à l'horizontale pour respirer à la surface de l'eau. À droite: Culicinae; la larve se maintient à la verticale pour respirer à la surface de l'eau.

*

236

Comme tous les insectes, l'insecte anophèle passe par 4 stades de développement :

1/ *le stade zygotique :* (en milieu aquatique : tout comme pour les deux stades suivants), l'anophèle femelle pond de 50 à 200 œufs : œufs déposés à la surface de l'eau, ils éclosent en 2-3 jours en climat tropical et en 2-3 semaines en climat tempéré.

2/ *le stade larvaire : sous* la surface de l'eau, les larves s'alimentent d'algues, de bactéries, de micro-organismes...

3/ *le stade nymphal :* la pupe (correspond à la chrysalide chez les lépidoptères). Après le stade larvaire, c'est la métamorphose...

4/ *le stade imagal (l'insecte adulte) :* le corps de l'anophèle adulte est effilé ; il est constitué de 3 sections :
- la tête contenant deux yeux, antennes et une trompe, qui lui permettent de détecter les odeurs et de s'alimenter en pompant le sang,
- le thorax comprenant deux ailes et trois paires de pattes,
- l'abdomen qui comporte les organes de digestion, de reproduction,
- il présente, lorsque posé sur l'eau, incliné, l'abdomen « en l'air », la tête penché vers le sol...

*

b) le Plasmodium

Ce sont les parasites Plasmodium (genre de protozoaires parasites) que l'anophèle transmet à l'être humain ou aux animaux ; sont propagés, entre autres maladies, le paludisme, infectant en premier lieu, *les hépotocytes (cellules du foie)* et ensuite *les érythrocytes (hématies ou communément appelées globules rouges).*

Plasmodium falciparum est le virus de la malaria.

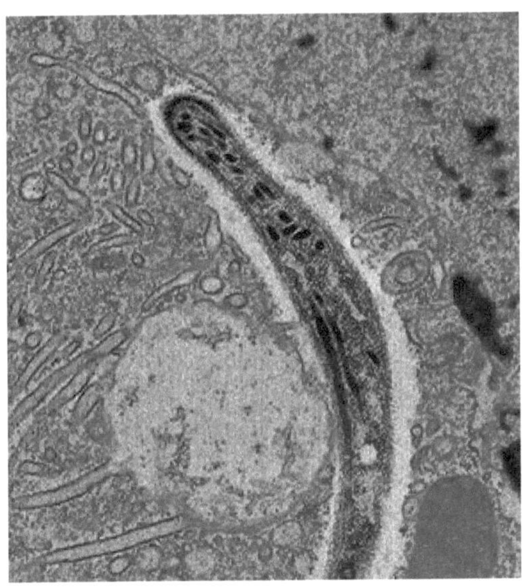

« *Plasmodium falciparum.* - *Crédit Université J. Hopkins.* » ; est distribué sous licence CC BY 2.5. Image par Ute Frevert. Wikipédia.

c) **le Paludisme ou la Malaria**...sont des maladies infectieuses provoquées par la piqûre d'un parasite du genre Plasmodium - propagée par la piqûre de certaines espèces de moustiques anophèle ... principalement la nuit.

La *cause* de la maladie a été découverte en novembre 1880, à l'hôpital militaire de Constantine, Algérie, par un médecin français, Alphonse Laveran, Prix Nobel de Physiologie ou médecin en 1907.   Cependant, c'est en 1897 que le médecin anglais, Ronald Ross, Prix Nobel en 1902, prouve que les moustiques Anophèles étaient les vecteurs de la malaria (dû à l'air des marécages ...).

*

Le paludisme est une maladie qui, selon l'O.M.S. (Organisation Mondiale de la Santé), cause environ 1 million de victimes par an dans le monde, et selon l'Institut Pasteur, Paris « 40% de la population mondiale est exposée à la maladie et 500 millions de cas cliniques sont observés chaque année... »

Les *symptômes* du paludisme sont :
- la fièvre débutant de 8 à 30 jours après l'infection,
- et s'accompagne de maux de tête, douleurs musculaires, affaiblissement, vomissements, toux...

*

Dossier d'Information de l'INSERM,
Institut National de la Santé et de la Recherche médicale
(site www.inserm.fr) : *La prévention, outil indispensable de maîtrise de la transmission du paludisme*

La prévention est très importante pour lutter contre le paludisme

Elle consiste en premier lieu en des *mesures environnementales* : assainissement des zones humides, *lutte* anti-moustique par épandage d'insecticides, protection des habitations par des moustiquaires, notamment les lits dans la chambre à coucher avec des moustiquaires imprégnées d'insecticide (le moustique piquant surtout durant la nuit). A titre individuel, l'utilisation de produits *répulsifs* anti-moustiques et de vêtements *couvrants* est nécessaire pour limiter le risque de piqûre.

La *prophylaxie* médicamenteuse est le second volet important de la prévention. Elle consiste à prendre des médicaments antipaludiques, dont la *quinine et la chloroquine* sont les plus anciennement connus. Si leur large utilisation pendant de nombreuses années a favorisé l'émergence de résistances, il existe aujourd'hui de nouveaux traitements pour pallier ce problème : artémisinine, artéméther, artésunate, méfloquine, halofantrine, luméfantrine, pipéraquine... Comme pour les antibiotiques, le bon usage de ces molécules doit être favorisé : on doit systématiquement associer une *artémisinine* à un autre traitement pour éviter l'apparition de nouvelles résistances.

*

d) **l'Artemisia annua : en chinois: qinghao (青蒿)) -**

l'Armoise annuelle est un remède efficace contre le Paludisme (ses propriétés sont reconnues par l'O.M.S - Organisation Mondiale de la Santé)

240

MAIS ATTENTION
de ne pas confondre cette plante avec l'Ambroisie - qui figure comme une des importantes causes des Allergies polliniques.

Il s'agit d'une plante annuelle utilisée par les Herboristes chinois qui l'utilisent pour le traitement de nombreuses maladies : dermatites, malaria et traitement efficace des formes sévères du paludisme, notamment contre le Plasmodium falciparum.

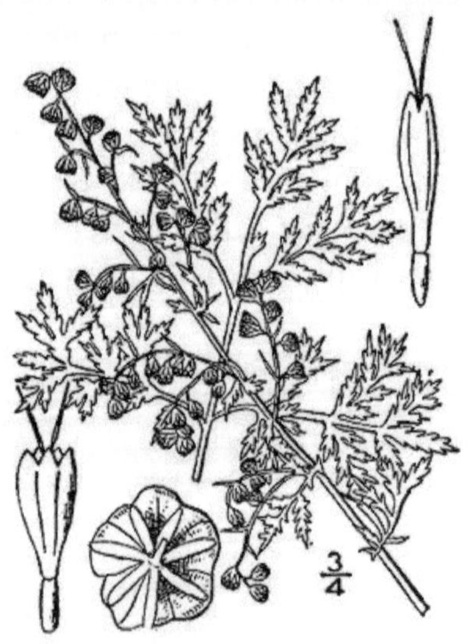

« Armoise annuelle »   d.p.   Auteur Jojan   Wikipédia   -

Les pays du Sud, premières victimes : « Le paludisme sévit depuis des milliers d'années dans les zones marécageuses de l'ensemble du globe. A partir du 20e siècle, les pays occidentaux ont asséché ces territoires humides, ce qui a permis de diminuer fortement les populations de moustiques vecteur du parasite dans ces pays au climat peu favorable à la transmission. Dans les pays du Sud, en revanche, la lutte contre le paludisme est une gageure. Pour autant, l'action des organisations internationales, le financement des moyens de lutte par le Fonds mondial et l'implication d'ONG et d'acteurs locaux ont permis un certain nombre de succès ces dernières années : même si les chiffres liés à la maladie restent impressionnants, ils sont en régression régulière. Ainsi, entre 2000 et 2013, le nombre d'infections au niveau mondial est passé de 227 à 198 millions et le nombre de décès en découlant de 882 000 à 584 000. Près de 80 % des cas et 90 % de la mortalité concernent l'Afrique. Les autres cas se concentrent dans les régions d'Asie du Sud-Est et d'Asie Centrale (Inde), et plus faiblement en Amérique en Amérique du Sud amazonienne. »

*

Chapitre **12**

Les végétaux et leurs utilisations...

1/ *Les pommes*

... acides, douces, amères, riches en tanin, les variétés de pommes se nomment « Reine des hâtives », « Reinette », « Ambette », « Rouleau rouge», etc.

La pomme contient des sels minéraux et vitamines... ; leur carence occasionne des symptômes tels que problèmes capillaires, diarrhées, fatigues, problèmes cutanés, problèmes oculaires, des infections, de la nervosité.

La pectine de pomme, au coeur du fruit, a pour effet d'emprisonner les graisses, limitant ainsi leur absorption par l'organisme. Les fibres de la pomme ont la propriété de capturer le cholestérol au niveau intestinal.

Enfin, la pomme est un fruit rafraîchissant et peu calorique et peut être considéré comme « coupe-faim » entre les repas.

Recettes

Les pâtes de pommes

– vous prendrez 1 kg de belles pommes, très mures, que vous couperez en morceaux après lavage,

– vous les ferez cuire avec un peu d'eau froide, puis vous les égoutterez ;

- après les avoir réduites en purée, vous le placerez dans un récipient avec la même quantité de sucre, puis vous laisserez cuire en remuant avec une spatule en bois ;
- ce sera cuit lorsque la pâte se détachera d'elle-même de la spatule ;
- vous l'étalerez sur une plaque ou un grand plat, sur une épaisseur d'environ 2 centimètres et le lendemain, la pâte sera retournée afin qu'elle sèche.

- une fois séchée (elle ne doit plus coller) : vous la découperez en bâtonnets ou carrés que vous roulerez dans du sucre cristallisé.
- vous les rangerez alors dans une boîte métallique, en ayant soin d'intercaler entre les couches de pâtes de fruits, du papier sulfurisé.

Vous aurez ainsi un goûter pour vos enfants, plein de vitamines !

La gelée de pommes

– vous procéderez de la même manière que précédemment afin de réduire les pommes en purée, finement, en extrayant le jus que vous mettrez dans la bassine à confiture, avec la même quantité de sucre, un peu de cannelle et un jus de citron si vous le souhaitez ;

– vous mélangerez le tout, ferez cuire environ une heure, en écumant et vous laisserez refroidir...

Lorsque la gelée sera totalement froide, vous mettrez en pots que vous recouvrirez d'une couche de paraffine et de papier sulfurisé.

Les masques à base de fruits ou légumes !

Quelle femme ne souhaite éclaircir sa peau ou effacer quelques rides ; pour cela, rien de tel qu'un masque !

Faciles à réaliser, les masques que nous vous proposons, sont fabriqués à partir de produits sains que vous avez souvent sous la main.

Pour appliquer ces masques

-vous les étalerez sur une gaze ou les placerez directement sur le visage, sauf autour des yeux – pendant 20 minutes maximum,

–aussitôt après, vous rincerez largement votre visage et l'essuierez à l'aide d'un tissu doux trempé dans du lait cru ou de l'eau...

Le masque à la pomme crue

Il permet d'obtenir un effet *tonique et rajeunissant.*

- vous écraserez de la pulpe de pomme crue
- et l'appliquerez sur votre visage, mélangée avec quelques gouttes d'huile d'amande douce ou d'huile d'olive.

Le masque à la pomme cuite

Il raffermit, *en adoucissant,* les peaux flétries.

- vous cuirez deux pommes pelées dans une tasse de lait

– et vous les appliquerez sur votre visage, mélangées avec quelques gouttes d'huile d'amande douce ou d'huile d'olive.

*

2/ *Les pommes de terre*

Présente dans beaucoup de jardins depuis son introduction en France, au 18ème siècle, par Parmentier, la pomme de terre permet de nombreux plats familiaux ; mais elle a aussi des vertus thérapeutiques.

L'application sur les brûlures : recette de « grand'mères,
La pomme de terre râpée sur les brûlures est une panacée excellente !
– vous couperez en deux une pomme de terre,
– vous en râperez la chair (ou simplement grattée avec un couteau) que vous appliquerez, en fine couche, sur la brûlure ;
  – il y aura très vite un effet de fraîcheur, de soulagement et la sensation que la pomme de terre « absorbe la brûlure » ;
  – l'opération sera renouvelée 2 ou 3 fois, jusqu'à ce que la brûlure soit réduite, que la douleur soit pratiquement supprimée.

Le masque à la pomme de terre

Il permet de régénérer les peaux sèches, du fait de ses vertus émollientes ;
  – vous mélangerez la pomme de terre râpée avec de la crème fraîche (2à 3 cuillerées) ;
  – vous appliquerez le masque 2 fois, à une semaine d'intervalle.

L'application sur les mains abîmées
- dans un linge fin, vous placerez une pâte faite de pomme de terre râpée et de lait tiédi ;
- vous envelopperez vos mains de ce mélange pendant quelques minutes.

1 - « Il existait plus de 200 variétés de pommes de terre, cultivées par les Incas et leurs prédécesseurs… » d.p.   Tel. par Dodo
2 - « Pareillement, de très nombreuses variétés de maïs étaient connues par les Incas… »
; est distribué sous licence CC BY 2.0.   Auteur Jenny Mealing   Wikipédia

*

3/ *Les fraises et les framboises*

Parmi les variétés de fraises existantes, connaissez-vous la « ricarde » ? Il s'agit d'une variété qui s'accommode parfaitement avec le champagne sec, le citron, le rhum, le kirsch… !   Puis, selon les saisons : il y aura l'« elsanta », parfumée, la « guariguette » à la chair délicate, la « mara des bois » (rappelant la fraise sauvage).   En fait, la fraise connue depuis la plus haute antiquité, à l'état sauvage, n'a été cultivée que depuis le 16ème siècle. C'est un fruit très rafraîchissant mais peut créer, lorsqu'il y a excès, de l'urticaire.

La confiture de fraises ou framboises
À confectionner avec 1 kg de fruits bien murs et 1,3 kg de sucre cristallisé :
-   après un lavage soigneux, vous les mettrez à macérer pendant 24 heures, dans un récipient, avec le sucre ;
-   puis vous séparerez les fruits du jus qui sera seul, cuit à feu vif, pendant 10 à 15 minutes, dans une bassine à confiture.
-   vous écumerez régulièrement ;
-   c'est lorsque vous n'aurez presque plus d'écume que vous remettrez les fraises qui auront été laissées à part ;
-   et vous prévoirez, sur feu vif, une nouvelle cuisson de 15 minutes environ, tout en continuant d'écumer...

Ces opérations terminées, vous retirerez la confiture du feu et vous laisserez refroidir complètement, avant de la mettre en pots que vous recouvrirez de paraffine et de papier sulfurisé.

Digeste, la framboise est un fruit qui pourra servir à la fabrication des sirops, des confiseries.. mais aussi à la fabrication du « ratafia ».

Sirop de framboises (ou de groseilles)
À confectionner avec 1 kg de jus de fruits très murs.
-   Il aura été obtenu en pressant les framboises équeutées ; jus qui sera placé au frais pendant une journée ;
-   cette opération terminée : vous le filtrerez une seconde fois et le mettrez dans une bassine à confiture, avec 2kg de sucre cristallisé,
-   vous ferez bouillir le tout, en écumant ;
-   une fois arrivé au « grand lissé » : votre sirop sera retiré du

feu et laissé à refroidir :
- vous remplirez alors vos bouteilles que vous boucherez hermétiquement, et que vous conserverez au frais...

Au « grand lissé » : lorsque vous prendrez un peu de sirop et le verserez : le fil devra s'étendre sans se rompre ; contrairement « au petit lissé » où le fil se cassera...

Le vin de framboises

- vous laisserez macérer pendant 8 jours :
- dans 1 litre de vin rouge, 300 gr de framboises, 100 de cassis écrasé, 100 gr de sucre et 1 verre d'eau-de-vie ;
- vous filtrerez le tout et mettrez en bouteilles.
  Ou
- vous recouvrirez les framboises d'1 litre de vin blanc ;
- après 24 heures, vous filtrerez en pressant les fruits ;
- vous ajouterez 200 gr de miel et porterez à ébullition en remuant ;
- vous laisserez refroidir et mettrez en bouteilles.

Le masque de cerises sauvages qui améliore et renouvelle l'épiderme

(que vous pouvez placer à l'intérieur d'un tissu de mousseline),
- vous prendrez de jeunes fruits, au printemps ;
- vous en écraserez la pulpe, et
- vous l'appliquerez, en masque, sur le visage, pendant 15 à 20 minutes.

Le masque aux fraises

A usage externe, sur la peau du visage, les fraises et framboises ont un effet tonifiant et astringent, complété par les bienfaits de la pomme de terre. Ce masque sera bénéfique aux peaux congestionnées et flasques.

- vous préparerez 125 gr de fraises ou framboises écrasées que vous mélangerez avec une grosse cuillerée de crème fraîche et quelques grammes de fécule de pomme de terre ;
- vous ajouterez une cuillerée à café d'huile d'amande douce ou d'huile d'olive ;
- vous mélangerez soigneusement le tout et
- vous appliquerez ce masque pendant 15 à 20 minutes maximum.

*

4/ *Les noix*

Le vin de noix

15 minutes de préparation et 60 jours de macération,

- prenez des noix vertes (comptez environ 60 noix pour 8 litres de vin),
- du vin rouge de qualité,
- du sucre (environ 750 grammes),
- de la vanille (1 à 2 bâtons),
- de la cannelle,
- de l'eau-de-vie à 45° (environ 6 cl) ;
- Dans un flacon, vous mettrez le vin, l'eau-de-vie, la vanille et la cannelle ; puis vous prendrez des noix encore vertes, suffisamment tendres que
- vous couperez en 4 morceaux et les placerez dans le flacon

de vin que vous reboucherez.
- Un temps de macération de 60 jours sera nécessaire, mais n'hésitez pas à remuer de temps en temps.
- L'opération terminée, vous pourrez filtrer avec un papier spécial ;
- c'est à ce moment là que vous ajouterez le sucre qui fondra pendant quelques heures.

Pendant ce temps, vous aurez préparé les bouteilles dans lesquelles vous transvaserez le vin de noix, et les reboucherez soigneusement. Vous dégusterez ce vin de noix avec vos amis, vin qui deviendra bien meilleur avec le temps !

*

5/ *Les carottes*

Dans l'alimentation, la carotte a une importance considérable ; elle renferme des phosphates, des sels alcalins et une huile volatile qui lui donne son odeur.

La bêtacarotène (transformé en vitamine A dans le corps) contenue dans la carotte, est une vitamine de beauté, notamment pour la peau. Elle la prépare à l'exposition au soleil et au bronzage tout en prévenant les allergies du fait de l'augmentation de production de mélanine. De plus, la carotte améliore l'acuité visuelle et permet une meilleure vision de nuit. Utile en période de croissance, elle favorise l'assimilation de protéines par l'organisme.

Photo : « les Carottes en accommodement »,
au restaurant « La Manne » (V. Quéro), Marseille – France

La carotte est émolliente, diurétique, vermifuge et antiseptique.

Application pour extinction de voix et toux

On extrait un suc par compression qui, délayé avec un peu d'eau, traite l'extinction de voix et la toux.

La carotte contre les brûlures
La carotte râpée, comme la pomme de terre, est un remède contre les brûlures.

Les graines de carotte
Une tisane préparée à partir de graines de carotte, excite l'appétit et stimule les fonctions digestives.

Le masque aux carottes
(que vous pouvez placer à l'intérieur d'un tissu de mousseline),
Grâce aux qualités de la carotte, ce masque sera bénéfique aux peaux acnéiques, congestionnées et rugueuses.
- vous mélangerez des carottes râpées (environ 125 grammes) avec de l'argile blanche (environ 25 grammes), de la glycérine (environ 10 grammes), de l'eau de rose (environ 3 cuillerées à soupe) et des gouttes de citron ;
- afin d'obtenir une pâte homogène, vous malaxerez soigneusement le tout ;
- votre masque, prêt, sera appliqué pendant 15 à 20 minutes.

*

6/ L'aspérule

Dans l'Est de la France, en Suisse ou en Allemagne, les bois regorgent, pour deux mois, de ces petites fleurs blanches nommées « aspérules » ou « reines des bois ».
Le vin fabriqué à l'aide de ces plantes, est bu traditionnellement le premier mai !

Le vin d'aspérule appelé aussi « le vin du renouveau » !
– vous prendrez un litre de vin blanc, ainsi que deux poignées d'aspérules ;
– vous ferez macérer ces plantes, dans le vin, avec 50 grammes de sucre, pendant une quinzaine de jours.
Le vin est à point nommé « vin de l'amitié et vin du renouveau » !

*

7/ *Le céleri*
Plante potagère de la famille des ombellifères, le céleri est apprécié aussi bien pour ses côtes que pour sa racine lorsqu'il s'agit du céleri rave.

La conservation du céleri. Pour la conservation, vous pourrez
– ou le faire sécher en branche, suspendu dans un endroit sec et tiède, protégé par un papier perforé,
– ou bien le conserver en poudre (dans ce cas, vous l'écraserez).
Enfin, vous pourrez le passer au four, à faible température, afin de l'assécher... et le placer dans un récipient bien fermé.

Le jus de céleri
Le jus de céleri est antiprurigineux ;
– vous mixerez le céleri frais afin d'en obtenir un jus que vous accommoderez à votre goût.

255

Le bouillon de santé

est une décoction de viande et de légumes. Il est particulièrement stimulant, rend beaucoup de services dans les cas de fatigue, convalescence et surmenage ou perte d'appétit.

Son odeur agréable, due aux viandes, légumes, excite les sécrétions salivaires et gastriques.

- vous prendrez 1 kg de viande désossé (ou plus, s'il y a des os) : viande à pot-au-feu, gîte, plat-de-côte, tranche, etc... ;
- vous cueillerez les légumes du jardin : céleri, carottes, navets, poireaux, 1 oignon piqué d'un clou de girofle, du thym, de l'ail, du poivre et du sel ;
- dans 4 litres d'eau froide, vous placerez la viande et porterez à ébullition ;
- après un premier écumage afin d'éliminer l'albumine coagulée, vous ajouterez les légumes et condiments ;

– enfin, vous remettrez à cuire, à feu doux, environ 3 à 5 heures ;

– 1 heure avant de servir, vous pourrez ajouter du sucre caramélisé pour colorer...

*

8/ *Le concombre*

*Dans la famille des cucurbitacée*s existent différentes variétés de concombres :

- le concombre à cornichon, le concombre melon, le concombre blanc hâtif, le concombre serpent, le concombre « pagode » originaire des régions chaudes et tempérées de l'Asie...   Par contre, connaissez-vous les concombres cultivés comme plantes grimpantes, avec leurs fruits d'un beau rouge, très décoratifs : ce concombre qui rappelle le coloquinte. *Savez-vous que le concombre a des propriétés calmantes et rafraîchissantes ?*

256

Le concombre dans le « picalilli »
La préparation du « picalilli » se fait sur plusieurs jours.

a) Dans un récipient de terre, vous mettrez
– un concombre nettoyé soigneusement, coupé en petits cubes,
– des haricots verts préparés (environ 150 gr),
– des petits bouquets de chou-fleur lavé et séché,
– des petits oignons épluchés et lavés (12 à 15),
– des cornichons nettoyés (12 à 15),
**Avant de refermer le récipient, vous mettrez du sel et vous
laisserez macérer pendant 24 heures environ.**

b) la deuxième opération consiste à égoutter les légumes ;
    – vous les placerez dans une casserole, recouverts de
      vinaigre blanc, et ferez bouillir 1 minute ;
    – puis vous mettrez les légumes égouttés, dans un
      récipient en terre.
c) à part, vous placerez les condiments :
    – 120 gr de graines de moutarde,
    – 120 gr de gingembre,
    – 20 gr de curcuma,
    – 20 gr de grains de poivre de la Jamaïque,
    – 65 gr d'ail écrasé dans un sachet de mousseline fermé...
d) ces condiments que vous ferez bouillir, puis porter à
    frémissement pendant 5 minutes environ, dans ¾ de litre
    de vinaigre d'alcool blanc que vous verserez ensuite sur les
    légumes
    – et laisserez macérer pendant 48 heures environ.
e) la dernière opération consistera
    – à retirer le sachet de condiments du vinaigre,
    – à délayer de la moutarde dans les 4 cuillerées à soupe de
    – vinaigre préparé précédemment : pour faire un vinaigre à la

moutarde.

f) ces deux vinaigres (le vinaigre macéré avec les condiments   et le vinaigre moutardés) seront mis dans les bocaux où,   avant,   les légumes auront été déposés ;

g) les bocaux seront fermés hermétiquement, et la préparation macérera pendant 50 jours environ. Vous pourrez consommer les « picalillis » avec des charcuteries par exemple...

Attention : Le vinaigre ne devra jamais être touché par le métal (que ce soit par les couverts ou couvercles) donc vous ne devrez utiliser que des pinces ou des cuillères en bois.

*

Le concombre utilisé pour le traitement de la peau

Pour lutter contre les dartres (pityriasis) qui touchent surtout les peaux sèches et fines, il est nécessaire de consommer de façon journalière,

– concombre, carottes, choux, haricots...

– mais également, vous pouvez faire une décoction de racines de bardane et fleurs de bruyère : 20 gr de chaque plante placés dans un demi-litre d'eau, que vous ferez bouillir 15 minutes maximum.

Contre les dartres et les crevasses

– vous pouvez également, pour combattre ces problèmes, appliquer sur votre visage, une décoction de jeunes bourgeons de peuplier...

Le masque à base de concombre

(que vous pouvez placer à l'intérieur d'un tissu de mousseline),

qui *adoucit* toutes les peaux ;
- – vous prendrez un concombre (pas trop gros),
- – *vous en écraserez la chair,*
- – vous y placerez un yaourt et
- – vous pourrez ajouter quelques gouttes de jus de citron.

*

9/ *L'olive dans la cuisine*

L'huile d'olive est connue pour ses vertus et la base du fameux régime crétois (de l'île de Crète, en Méditerranée), offrant un bon équilibre OMEGA 3 et OMEGA 6 ; Vierge ou extra-vierge, elle préserve des infarctus, grâce à ses tanins (comme le vin) et lutte contre le vieillissement de l'organisme.

Par ailleurs, grâce à ses acides mono-insaturés, elle réduit le mauvais cholestérol (LDL) et augmente le bon cholestérol (HDL). Contenant de la vitamine E, elle est utile contre le vieillissement.

Enfin, utilisée journellement, jointe aux légumes et fruits, l'huile d'olive prévient le cancer.

Accommodement des plats de légumes
Pour améliorer votre plat de légumes variés surgelés ou frais,
– dans une sauteuse, vous mettrez 3 cuillerées d'huile d'olive et les ferez revenir à feu moyen ;
– vous les arroserez régulièrement d'un bouillon fait d'un fond de volaille en ajoutant du sel et du poivre puis vous parsèmerez d'herbes de Provence ;
à part,

259

Photo R.P.Robert Fritsch, Chambéry : 1-ail ; 2-aneth odorante ; 3-persil

– vous ferez revenir des lardons que vous ajouterez aux légumes,
– vous laisserez mijoter 9 minutes – ou plus, s'il s'agit de légumes surgelés en mélangeant régulièrement ;
hors du feu,
– vous rajouterez 1 ou 2 cuillerées d'huile d'olive, du vinaigre balsamique et de la crème fraîche...

*

10/*Fromage de chèvre frais aux fines herbes*
– vous prendrez un fromage de chèvre frais crémeux ;
– vous ajouterez 2 à 3 cuillerées d'huile d'olive, de l'ail, vous salerez et poivrerez la préparation terminée,
– vous mettrez votre fromage au réfrigérateur pendant une heure ou deux, avant de le consommer.
Vous pourrez le consommer tel quel, ou accompagné d'une salade ou de crudités finement émincées.

*

11/*Salade indienne à base de boulgour*
– dans une sauteuse, vous ferez cuire, à raison de 50 gr par personne, le boulgour (blé tendre concassé) puis vous laisserez refroidir.
A part, vous ferez une sauce avec une cuillerée à soupe de crème (mi-épaisse) par personne,
– à laquelle vous ajouterez du curcuma ou du curry, de l'huile d'olive,
– une échalote finement coupée par personne et de la ciboulette ;
– vous salerez et poivrerez.
Au moment de servir, vous recouvrirez le boulgour de la sauce

préparée et vous pourrez l'agrémenter des crevettes ou moules précuites.

Salade niçoise

– vous ferez cuire à part, des pommes de terre ou du riz puis laisserez refroidir.

Dans un saladier, mettez, en quantités égales,

– les pommes de terre coupées en tranches ou le riz,

– des tomates crues,

– de haricots verts cuits à l'eau ou coupés en morceaux,

– du poivron coupé en lanières puis

– quelques olives dénoyautées,

– 1 ou 2 oignons finement coupés,

– des miettes de thon...

*Au moment de servir, vous recouvrirez la préparation
d'une sauce faite à l'aide d'huile d'olive, de vinaigre
(ou de jus de citron), sel et poivre.*

*

12/ La rose

L'eau de rose

Dans un récipient en terre :

-   vous ferez macérer pendant 8 jours, des pétales de rose dans de l'eau : 500 gr de chaque élément ;

-   et vous ajouterez du gros sel : environ 30 à 40 gr.

-   Journellement, à l'aide d'un pilon, vous les écraserez puis, une fois l'opération terminée, vous filtrerez le tout.

Vous obtiendrez alors une eau de toilette au parfum délicat !

13 / *Quelques recettes à base de plantes...*

La « *FARIGOULETTE* »

C'est un tonique général, carminatif et digestif ; excellent pour la santé : c'est un puissant anti-microbien, indiqué pour les grippes et maux d'intestin.

– Vous cueillerez des *fleurs de thym,*

– vous ajouterez trois-quarts de litre d'eau-de-vie et

- vous laisserez reposer pendant 3 mois environ, dans un endroit peu éclairé.

Au bout de 3 mois,

– vous préparerez un sirop composé de 400 gr de sucre et un demi-litre d'eau ;

- vous ajouterez le sirop à la macération, et mélangerez bien le tout puis mettrez en bouteilles.

*Extrait du livre « Votre recette par les élixirs », Marie-Antoinette Mulot,
Edition du Dauphin*

*

Photos R.P. Robert Fritsch, Chambéry (73) ; 1-Thym ; 2-Sauge

14/ *Le matefaim à la sauge*
– vous mettrez les feuilles de sauge en infusion dans de l'alcool (eau-de-vie),
– vous préparerez une pâte, pas trop liquide, à l'aide de 50 gr de farine, du lait et un oeuf,
– que vous parfumerez de zeste de citron et de noix de muscade râpée ;
  – puis vous introduirez les feuilles de sauge dans la pâte ;
  – enfin, vous mettrez à cuire dans une poêle bien huilée.

*

15/ « *Le lait de poule* » (sans aucune utilisation de lait !)
– vous mettrez un jaune d'oeuf battu dans de l'eau bouillante avec du sucre en poudre, par personne ;
– cette boisson sera employée contre les rhumes, courbatures, maux de gorge, à cause de ses propriétés lénitives et sudorifiques.

Variante :
  – vous mettrez un jaune d'oeuf battu fermement, dans du lait ou un bol de café, de chocolat le matin : ce sera un excellent fortifiant pour les enfants ou adolescents.

*

DEUXIEME PARTIE

Les teintures à l'ancienne à partir de plantes

*Après avoir parfait leur connaissance des plantes pour
confectionner nourriture, vêtements ou soins,
les premiers hommes ont cherché à
améliorer leur environnement.*

Pour teindre les tissus, ils eurent recours aux plantes...

*Cette technique était déjà en pratique plus de 3000 ans avant J.C.,
d'abord employée par les peuples qui bénéficiaient d'un climat
favorisant une grande diversité de plantes...
A l'époque actuelle, la nature a été grandement remplacée
– les couleurs sont dorénavant obtenues
à l'aide de produits de synthèse, tant pour la
composition des teintures de tissu que pour l'obtention
des pigments en peinture.*

*Cependant, apprendre à redécouvrir la nature, c'est remettre au
goût du jour ces coloris si chauds pour teindre les vêtements que
nous portons, devenant ainsi l'image de notre personnalité,
mais aussi pour les tissus d'ameublement.*

Quelle activité prometteuse et passionnante au sein de la famille !

*

* *

A/ Le choix des plantes tinctoriales

S'il faut souvent faire un savant mélange pour parvenir à l'exacte couleur que l'on souhaite, quelle joie lorsque le résultat est là !

Néanmoins, il faut savoir que la plante ne reproduit pas toujours sa teinte naturelle et, en fonction de l'époque de la cueillette, de la durée de macération, de la concentration du bain ou simplement de la différence du procédé d'obtention du colorant, la couleur pourra différer.

C'est au fur et à mesure que vous connaîtrez le secret des teintes... et ce sera votre magie !

Les pages suivantes vous aideront à trouver, pour chaque couleur : les plantes à choisir et les parties à utiliser, pour un résultat souhaité.

1 - « des fils séchant après avoir été teints selon une méthode traditionnelle américaine » ; est distribué sous licence CC BY 2.5.   Util Tysto   Wikipédia

2 - « des teintures naturelles sur un étalage de marché en Inde »; est distribué sous licence CC BY 2.0.   Auteur Sarah and Iain   Wikipédia

B/ La cueillette des plantes

Les plantes fraîches seront cueillies avec soin et placées par catégories, à l'intérieur de sachets sur lesquels vous aurez noté la date et l'endroit de la récolte.

Les parties nécessaires pourront n'être que les feuilles, que les fleurs ou les racines. Par ailleurs, lors de votre récolte, vous prendrez garde de laisser en terre une partie de la plante afin qu'elle puisse se reproduire.

Vous serez également soucieux de ne pas cueillir toutes les plantes au même endroit et vous ne prendrez que la quantité dont vous aurez besoin dans l'immédiat : sachant qu'une plante cueillie perd sa puissance en coloration. Enfin, avant de partir, vous vous serez informé des espèces protégées : une liste que obtiendrez auprès des Mairies ou Pharmacies.

Voici quelques précisions à connaître
- les tiges se récoltent au printemps, début de l'été – les racines, les bulbes, en hiver et au début du printemps – le plantes, elles-mêmes, avant la floraison, sauf si la partie utile est la fleur.

Votre outillage comprendra
- un petit sécateur – des ciseaux et canifs – des buvards – des sachets et un panier où les plantes seront déposées délicatement.

Dès votre retour, les plantes destinées à être séchées, devront l'être aussitôt : pour cela, vous choisirez un endroit aéré à l'ombre.

269

Une fois séchées, elles pourront être conservées longtemps,
à l'intérieur d'un bocal hermétique.

C/ Les principes d'obtention des colorants

1/ La décoction. -
(nécessaire pour les racines, les écorces, les bois et
feuilles épaisses)
- dans de l'eau froide, vous mettrez le bois ou la partie de la plante ou... la plante ;
- vous porterez à ébullition 15 à 30 minutes (ou plus selon la teinte souhaitée) ;
- vous filtrerez.

2/ La macération
- vous laisserez pendant 3 à 5 heures, la plante dans l'eau froide ;
- puis vous l'amènerez à l'ébullition ;
- vous filtrerez.

3/ L'infusion-
- vous verserez de l'eau bouillante sur la plante ;
- vous recouvrirez le récipient et vous laisserez agir quelque temps ;
- vous filtrerez.

D/ La préparation du mordant
Les teintures ont besoin, pour être définitivement fixées

sur les différents textiles, de *l'utilisation* du « mordant » qui pourra être l'alun ou le brou de noix par exemple.

Les *professionnels* disent alors « donner du bouillon ». La soie et la laine, cependant, *n'ont pas besoin* de cette préparation de mordançage. Il suffira, pour ces matières, *d'incorporer* le mordant au bain de teinture lui-même.

Choix du mordant
  - *l'alun,* le sel d'alun est à acheter chez les droguistes : 300 à 500 gr pour 30 à 40 litres d'eau selon l'intensité de la couleur désirée ;
  - *la noix de Galle,* très riche en tanin : elle est à réduire en poudre. Elle apparaît sur les feuilles de chêne : il s'agit d'une excroissance provoquée par la piqûre d'un insecte.
  - *la crème de tartre,* souvent associée à l'alun.

Opération de mordançage ... bien réaliser cette opération est nécessaire si vous souhaitez avoir des étoffes bien préparées pour la teinture.
  - 1/ dans un litre d'eau : vous diluerez la quantité du mordant choisi ;
  - 2/ vous verserez de l'eau douce (eau de pluie ou de rivière) dans une bassine en métal, dans laquelle vous mettrez la préparation précédente à base de mordant : certains professionnels utilisent des bassines en cuivre qui donnent au tissu, des teintes belles et lumineuses ;
  - 3/ vous placerez dans le récipient, les tissus très propres ou les écheveaux de laine dessuintées ;
  - 4/ enfin, très lentement, vous amènerez à ébullition, tout en remuant constamment, afin que les tissus soient, par la

suite, uniformément teints.

La durée du léger frémissement sur le feu, sera fonction des étoffes : ¾ d'heure à 1 heure, pour les étoffes fines, et 2 heures pour les étoffes épaisses ou écheveaux.

- 5/ vous laisserez refroidir la préparation et sortirez les tissus – qui seront alors égouttés (sans tordre) ;
- 6/ vous entourerez les tissus et les déposerez dans une cuvette, dans un endroit frais : ceci pendant plusieurs heures.

Le mordant aura eu le *temps* de préparer convenablement vos tissus avant que vous les teignez... teinture qui deviendra solide aux lavages successifs !

E/ La réalisation de la teinture, l'opération de mordançage terminée.

Les tissus ont été préalablement préparés à l'aide de mordant, vous pouvez alors aborder la teinture,

- 1/ dans une petite quantité d'eau, vous préparerez les bases du colorant (colorant obtenu à l'aide d'une décoction, macération ou infusion – comme indiqué précédemment) ;
- 2/ dans une bassine en métal : vous mettrez le colorant et la quantité d'eau suffisante pour y plonger les tissus ;
- 3/ enfin, vous la porterez doucement à ébullition, pendant 1 à 2 heures (en fonction de l'intensité de la teinte souhaitée) – sans oublier de remuer constamment afin que les tissus soient uniformément teints.

F/ La fixation de la couleur

- 1/ la teinture terminée, la teinte désirée obtenue, vous rincerez à grande eau les tissus ou écheveaux ;
- 2/ afin de fixer définitivement la couleur et parvenir à une plus grande luminosité : vous verserez dans la dernière eau de rinçage quelques cuillerées de vinaigre (vinaigre que vous pourrez remplacer par un bain contenant 2 à 3 cuillerées de savon en paillette).

*

**G - TABLEAU DE CORRESPONDANCE DES COULEURS :
plantes tinctoriales**

Coloris jaune

La gaude
Procédé d'obtention du colorant *:* à l'aide de toutes les plantes en décoction - à partir des plantes séchées (aérées souvent),
Couleurs obtenues
- jaune « tournesol »
- jaune lumineux (teinture solide).

La reine des prés (spirée) fraîches
Couleur obtenue : jaune très lumineux.

273

Le millepertuis, les fleurs
Couleurs obtenues : jaune d'or, roux, jaune cuivré ou orangé dans
des bains plus denses.

L'ajonc, les fleurs
Couleur obtenue : jaune vif (plus ou moins intense).

Le dahlia, les fleurs
Couleur obtenue : bel orange (plus ou moins intense).

L'épinette vinette, les baies très mures
Couleur obtenue : jaune délicat (tissu de coton, fil et tissu fin).

La bruyère, les feuilles, en décoction
Couleur obtenue : jaune mordoré,
les jeunes pousses, en décoction : jaune bronze ou jaune olivâtre.

La fougère, les jeunes cosses
Au printemps, (jeunes feuilles enroulées)
Couleur obtenue : jaune-vert

Coloris bleu

L'indigo (de l'indigotier)
Les feuilles après floraison – *en macération,*

   –   fermentation, environ 10 h, (remuer souvent), « grumeaux bleus »

   –   et faire sécher ;

   –   pour les utiliser, les diluer dans l'eau.

(on trouve la couleur en poudre, dans le commerce également).

Le pastel appelé aussi la GUEDE ou L'ISATIS (« le Pastel des Teinturiers »),
Utiliser les feuilles flétries, écrasées, malaxées - les feuilles donnent une pâte qui fermentera pendant 1 semaine environ.
(pour l'utiliser facilement, faites-en des boulettes qui sécheront à l'ombre)
Couleur obtenue : beau bleu

Le prunellier
Couleurs obtenues : les racines, bleu ardoise,
et les baies, bleu lumineux.

Le sarrasin, la paille après humidification,
vous la ferez fermenter afin d'obtenir une pâte qui séchera au four.
(pour l'utiliser, faîtes-la bouillir dans de l'eau).
Couleurs obtenues : bleu plus ou moins foncé ;
mélangé avec de la poudre de Noix de Galle, beau vert.

Les mures
Couleur obtenue : les baies, bleu-gris.

Coloris vert

le vert est issu du jaune et du bleu : trempez votre tissu dans teinture jaune puis dans la teinture bleue du vert tendre au vert profond selon le choix des plantes.

Coloris rouge

Le gaillet
Couleurs obtenues :
la racine : rouge vif (tous tissus + laine),
les fleurs supérieures après traitement à l'alun :orange.

L'oseille
Couleur obtenue : rouge violacé (dans le commerce : le rouge d'oseille)   -   (tous tissus + laine).

La garance, la racine séchée – en décoction
Couleur obtenue : rouge garance.

Le prunellier, les fruits
Couleur obtenue : rose délicat (soie – coton)

276

Le carthame, (chardon cultivé) : *les fleurs supérieures* par infusion
Couleurs obtenues : rouge cramoisi dit « rouge de carthame » ou « safranum » rose.

Coloris orange

issu du jaune et du rouge : tremper les tissus dans un bain « de rouge », puis dans un intense bain « de jaune ».

Coloris violet

issu du bleu et du rouge : teignez d'abord en bleu puis en rouge pour obtenir un violet.

Coloris noir et marron

Le noyer
- les feuilles, écorces et coque de fruits
Couleur obtenue : brun très foncé.
**

(le Brou) le brou mélangé à l'écorce d'aulne (en infusion) et ajout de sulfate de fer (du commerce, on obtient du noir (lin, chanvre...)

L'aulne
Couleur obtenue : avec l'écorce : gris – noir.

277

Photo Simone Mounier, Le Biollay-Chambéry, Savoie – France

Photo : « le bouquet de choix »

Le hêtre, noix de galle
l'excroissance des jeunes feuilles, par infusion
Couleur obtenue : gris.
**

Brun avec du sulfate de fer du commerce.

Le bouleau, l'écorce du printemps, en décoction
Couleur obtenue : du fauve au roux selon la concentration du
colorant.

* *

TROISIEME PARTIE

Le langage des fleurs
« Une rose d'automne est plus qu'une autre exquise ».
Agrippa d'Aubigné

Savoir, par exemple, qu'offrir des roses,
c'est parfois dévoiler un amour,
que le nombre d'iris composant un bouquet, peut indiquer l'heure d'un
rendez-vous...

...On divise les fleurs en deux catégories :
l'une déterminée par leur parfum, l'autre par leur couleur.
Les significations les plus ardentes ont été attribuées aux fleurs ayant des
parfums prononcés, capiteux, ardents
mais aussi des couleurs plus vives.
Les sentiments plus tendres, plus respectueux ou douloureux ont été
attribués aux fleurs ayant des couleurs et des parfums doux...
Le savez-vous ?
« Pour faire durer les fleurs coupées, ajoutez à l'eau, dans le vase,
une cuillerée à café de sucre en poudre et des gouttes d'eau de javel ;
il a été constaté que les Roses de l'Île de la Réunion
ont été conservées 15 jours de cette façon ».

*

Les fleurs, leur signification emblématique et leur langage

Abricotier, Insensibilité
blanc-rosé, *« Mon amour n'est pas payé de retour »*

Absinthe, Amertume
blanc-verdâtre, *« Vous me causez une grande peine »*

Acacia, Désir de plaire
blanc-rosé, *« Je voudrais être aimé »*

Aconit, Fausse sécurité
bleue, *« Méfiez-vous d'une amie »*

Ageratum, Confiance
bleue, *« J'attends avec confiance votre aveu »*

Alcée (Rose trémière), Amour simple
blanche, *« Amour sans atours »*
rose, *« Aimée secrètement »*
mauve, *« Regrets d'amour »*
panachée, *« Inquiétude d'amour »*

Alpiste
Espoir confiant,
blanc et vert (utilisation du feuillage en garniture), *« Ayez confiance en moi »*

281

« les roses offertes par le Jardin du château de Villandry »

*

283

Amandier, Douceur
rosé, « *Aimée pour votre bonté* »

Amarante, Amour durable
rouge brun, « *Rien ne me lassera* »

Amaryllis, Artifices
rose, « *Vous êtes trop coquette* »

Belladone,
(Belladone) rouge, « *Vous êtes trop courtisée* »

Améthyste, Confiance
bleu-pâle, « *Je crois fermement en vous* »

Anémone, Persévérance
bleue, « *Je vous suis attaché avec confiance* »
rouge, « *J'ai foi en mon amour* »
jaune, « *Ma constance sera récompensée* »

Anthemis, Amour terminé
blanc, « *Pas de nouvel amour* »
rose, « *Vous ne m'avez pas compris* »
bleu, « *J'ai cru un instant en vous* »

Aristoloche, Ambition
rouge pourpre, « *Je m'élèverai jusqu'à vous* »
jaune vif, « *Tachez d'arriver jusqu'à moi* »

Armoise, Fidélité conjugale
jaune, « *Rien ne me détournera de mes devoirs* »

Aster, Amour confiant
bleu et blanc, « *Croyez en moi* »
fond pourpre, « *Je vous aime plus que vous* »

Aubépine, Prudence
blanche, « *Soyez discret* »
rose, « *Cachez votre amour* »

Azalée, Joie d'aimer
blanche, « *Heureux de vous savoir aimée* »
rose, « *Heureux d'être aimé* »

Balsamine, Fragilité
de couleurs franches, « *Affection inquiète* »
panachée, « *Affection dédaignée* »

Bégonia, Cordialité
rose ou blanc, « *Amour cordiale* »

Bluet, Timidité
bleu, « *Je n'ose pas vous avouer mon amour* »

Boule-de-Neige, Fierté
blanche, « *Je suis fier de vous aimer* »

Bourrache, Constance du coeur
bleue ou rouge, « *Aimée depuis longtemps* »

Bouton d'or, Joie
jaune d'or, « *Heureux d'aimer* »

Bruyère, Force
rose, « *Mon amour est robuste* »

Buis, Résistance
en entourage, haie, « *Je résiste à tout* »

Camélia, Fierté
blanche, « *Vous dédaignez mon amour* »
rouge, « *Je vous trouve la plus belle* »
rose, « *Je suis fier de votre amour* »

Campanule (Miroir de Vénus), Coquetterie
bleu-violet, « *Pourquoi me faire souffrir* »

Capucine, Indifférence
jaune, « *Rien ne vous charme* »
marron, « *Votre coeur est fermé* »
pourpre, « *Vous ne pouvez plus aimer* »

Chèvrefeuille, Liens
blanc, « *Liens d'amitié* »
jaune ou rose, « *Liens d'amour* »

Cinéraire, Douleur de cœur
bleue, « *Attachement dans la douleur* »
jaune, « *Souvenir douloureux* »
ou à rayons blancs, « *Deuil cruel* »

Clématite, Désirs
blanche, « *Puis-je arriver à votre coeur* »
bleue, « *J'espère vous toucher* »

Convolvulus (Liseron), Importunité
blanc, « *Pourquoi me fuir ?* »
rouge, « *Je m'attacherai à vous* »
bleu, « *J'attendrai des jours meilleurs* »

Coquelicot, Ardeur fragile
rouge, « *Aimons-nous au plus tôt* »

Coreopsis, Rivalité
jaune ou marron, « *Je souffre de vous savoir aimée* »

Coucou, Retard
jaune, « *Attendons un moment plus propice* »

Crête-de-Coq, Impatience
rouge vif, « *Dîtes donc ce que vous pensez* »

Crocus, Inquiétude
bleu, « *J'espère mais je crains* »
jaune, « *Rassurez-moi* »
rouge, « *J'ai peur de trop aimer* »
violet, « *Vous regrettez de m'aimer* »

Cyclamen, Beauté, Jalousie
rouge, « *Votre beauté me désespère* »

Dahlia, Reconnaissance
blanc, « *Merci de votre tendresse* »
rose, « *Je suis heureux de votre affection* »
rouge, « *Votre amour fait mon bonheur* »
jaune, « *Mon coeur déborde de joie* »
panaché, « *Toutes mes pensées sont à vous* »

Datura, Confiance
bleu, *« Ne croyez pas la calomnie »*

Stramonium, Ebranlée

Digitale, Ardeur
rouge, *« Je ne puis plus cacher mon amour »*

Eglantier, Amour
blanc, *« Je commence à vous aimer »*
rose, *« Je vous aime toujours »*
jaune, *« Je vous aime avec bonheur »*

Fraxinelle, Gratitude
pourpre, *« Mon coeur n'oublie pas »*
blanche, *« Ma pensée va vers vous »*

Fuchsia, Ardeur du cœur
blanc & rouge, *« Votre amour est mon culte »*
rouge, *« Je vous aime de tout mon coeur »*
rouge & violet, *« Mon amour est inébranlable »*

Gardénia, Sincérité
blanc, *« Mon affection est sincère »*

Genet, Préférence
jaune, *« Vous ne pouvez aimer deux fois »*

Géranium, Sentiments d'amour
blanc, *« Vous ne croyez pas à mon amour »*
rose ou chair, *« Je suis heureux près de vous »*
rouge, *« Votre pensée ne me quitte pas »*

Géranium rosa, Amour poétique
rose ou blanc, *« Je suis sous le charme de votre amour »*

Giroflée, Constance
blanche, *« Mon coeur est fidèle »*
rouge brun, *« Mon amour ne varie pas »*
feu, *« Je vous aime de plus en plus »*

Glaïeul, Rendez-vous
rose ou rouge, *« Le glaïeul, au centre d'un bouquet indique, par le nombre de fleurs, l'heure d'un rendez-vous»*

Glycine, Tendresse
bleu-violacée, *« J'aspire à votre amour »*

Grenadier, Passion
rouge vif, *« Je veux que vous soyez à moi »*

Gueule-de-Lion, Désirs
toutes les couleurs, *« Venez au plus tôt »*

Héliotrope, Attachement
blanc, *« Je ne désire que votre amitié »*
bleu, *« Je demeure confiant »*

Hortensia, Caprice
verdissant, *« Laissez-moi espérer »*
bleu, *« Vos caprices me peinent »*

Hysope, Froideur
blanc, *« Pourquoi être indifférente »*

Immortelle, Regrets éternels
toutes couleurs, « *Douleur qui ne s'éteindra pas* »

Ipomée, Envie de plaire
pourpre, « *Puissé-je toucher votre coeur* »

Iris, Coeur tendre
bleu ou violacé, « *Je vous aime tendrement* »
blanc... ou bleu, « *Je vous aime avec confiance* »
jaune ou panaché, « *Je vous aime avec bonheur* »

Jacinthe, Joie du cœur,
blanche, « *Heureux de vous aimer* »
bleue, « *L'espoir que vous me donnez me ravit* »
rose ou rouge, « *Votre amour me pénètre* »
jaune, « *Mon amour vous rendra heureux* »

Jasmin, Amour voluptueux
blanc, « *Commencez donc à m'aimer* »
jaune, « *Je veux être tout à vous* »

Laurier-rose, Triomphe
rose ou blanc, « *Je suis le plus heureux* »

Lavande, Tendresse respectueuse
bleue, « *Je vous aime respectueusement* »

Lierre, Attachement
verte, « *Je meurs où je m'attache* »

Lilas, Amitié
blanc, « *Aimons-nous* »

mauve, « *Mon coeur est à vous* »

Lis, Pureté
blanc, « *Mes sentiments sont purs* »

Lis St-Jacques, Orgueil
jaune, « *Je suis fier de vous aimer* »

Magnolia, Force
en feuillage, « *Mon amour est robuste* »

Marguerite-des-Prés, Simplicité du coeur
blanche ou rose, « *Je ne vois que vous* »

Marguerite (Reine),   Estime, Confiance
blanche, « *Vous êtes la plus belle* »
bleue, « *Je crois en vous* »
rose et violette, « *Vous êtes la plus aimée* »

Mauve, Peine de coeur
blanche ou violette, « *Vous ne savez pas ce que je souffre* »

Menthe, Mémoire
blanc-violacée, « *Je garde le souvenir et l'espoir* »

Mimosa, Sécurité
jaune, « *Personne ne sais que je vous aime* »

Muguet, Coquetterie discrète
blanc, « *Rien ne vous pare mieux que votre beauté* »

Myosotis, Souvenir fidèle

bleu, « *Ne m'oubliez pas* »

Myrte, Force du coeur
feuillage vert, « *Mon amour est à l'épreuve* »

Narcisse, Froideur
blanc, « *Vous n'avez pas de coeur* »

Nénuphar, Indifférence
blanc, « *Vous ne savez pas aimer* »

Oeillet, Ardeur
blanc, « *Mon amitié est vive* »
rose panaché, « *Je vous aime avec ardeur* »
rouge vif, « *J'ai foi en votre amour* »

Oeillet-de-poète, Admiration
toutes couleurs, « *Je suis votre esclave* »

Oeillet-d'Inde, Séparation
marron, feu « *Pourquoi suis-je si loin de vous* »

Oranger, Virginité
blanc, « *Fleur d'hymen* »

Orchidée, Ferveur
blanche, « *Amour pur* »
panachée, « *Amour ambitieux* »

Pavot,
blanc : *le matin, « Sert à désigner le temps et complété de couleur :
le soir, a la signification des glaïeuls* »

Pêcher, Bonheur défendu
rosé, *« Les obstacles augmentent mon ardeur »*

Pélargonium, Intentions
blanc, *« Pureté d'intention »*
rose, *« Vivacité d'intention »*
moucheté, *« Désirs heureux »*

Pensée, Pensée affectueuse
toutes couleurs, *« Mes pensées sont à vous »*

Pervenche, Mélancolie
bleue, *« Je ne rêve qu'à vous »*

Pétunia, Obstacle
quelle que soit la couleur, *« Annonce qu'une lettre d'amour a été intterceptée »*

Phlox, Flamme
rouge, *« Je brûle pour vous »*
moucheté, *« Brûlez mes lettres »*

Pied-d'Alouette, Préoccupation
blanc, *« Je suis très occupée*
couleur légère, *« Plus tard »*

Pivoine, Sincérité
rose, *« Ne compte que sur moi »*
rouge, *« Mon amour veille sur vous »*
blanc, *« Veillez sur vous »*

293

Pois-de-senteur, Fausse modestie
bleu ou rose, « *Je ne vous crois pas* »

Primevère, Premier amour
toutes nuances, « *Je n'ai jamais aimé que vous* »

Renoncule, Reproches
blanc, « *Pourquoi vous détourner de moi* »
jaune d'or, « *Vous êtes ingrate* »
rouge, « *Vous méconnaissez mon amour* »

Réséda, Tendresse
vert, « *J'aime et j'espère* »

Rhododendron, Elégance
rose ou bleu foncé, « *Vous êtes la plus belle* »

Rose, Amour
blanche, « *Amour qui soupire* »
rose, « *Serment d'amour* »
thé, « *Galanterie* »
rouge vif, « *Amour ardent, signe de beauté* »
grande fleur, « *Reine du coeur* »

Scabieuse, Tristesse
pourpre foncé, « *Mon âme est en deuil* »

Seringa, Souvenir
blanche, « *Je garde toujours votre souvenir* »

Silène, Ivresse
rose, en garniture, « *Double la signification des autres fleurs* »

Thym, Amour durable en fleur
« Je ne vous oublierai jamais »

Tubéreuse, Désir
blanche, *« Mon coeur vous désire »*

Tulipe, Déclaration
toutes couleurs, *« Déclaration d'amour »*

Véronique, Fidélité
bleue, *« Ayez confiance en moi »*

Verveine, Confidences
toutes couleurs, *« Je voudrais vous parler en secret »*

Violette, Amour caché
violette, *« Qu'on ignore notre amour »*

Zinnia, Inconstance
jaune ou pourpre, *« Vous ne m'aimez plus »*

*

QUATRIEME PARTIE

La Santé par les plantes,

au Moyen-Âge, on parlait de « simples »...

L'énergie des couleurs pour la détente : un bienfait pour la santé
de toute la famille, ou simplement votre bien-être !
Grâce au jeu des couleurs, de la connaissance de leur langage,
créez-vous facilement un jardin détente auprès d'une tonnelle,
à l'aide de fleurs grimpantes par exemple...
que de possibilités dans un si petit espace !
Mais également, vous pourrez vous amuser à faire
une composition florale en tenant compte
de l'harmonie et de la dynamique
des couleurs sur votre personnalité, pourquoi pas ?

*

Ces autres médecines appelées « Médecines douces », à base de plantes

Plantes aromatiques, médicinales...

Les hommes, très tôt, eurent conscience des bienfaits des plantes qui existaient dans leur environnement. Ils les utilisèrent pour leur alimentation, pour les soins du corps puis bien sûr, pour traiter les maladies.

Dès l'aube de l'humanité, les femmes surtout, les hommes s'occupant à d'autres tâches, devinrent des observatrices minutieuses. Elles cueillaient les plantes, les différenciaient, les regroupaient d'après leurs formes, leurs coloris, leurs racines... mais aussi d'après leurs parfums, leurs odeurs. Elles les comparèrent et transmirent leur savoir, d'abord oralement à leur proches, leurs enfants.... des connaissances passées de générations en générations.

Après la cueillette, quelle intelligence, patience, il fallut pour classer les plantes, noter les observations, retenir l'élément qui serait bénéfique à leur santé... contre la toux par exemple ou les maux de dents...
Ces plantes qui soignent, on les nommait
« les simples » !

Encore actuellement, elles peuvent répondre aux besoins immédiats, de l'individu, soulageant ou guérissant les maux de tête, les abcès, les toux ou l'aidant à se fortifier, à se « déstresser » tel le passiflore.

Mais aussi, sur notre table, la nature dans notre assiette, c'est cette note de couleur, c'est ce goût subtil qu'elle ajoutera aux viandes, aux poissons.... l'ail, la ciboulette ou le romarin qui font venir « l'eau à la bouche » des convives ! Seulement, il faut savoir qu'aujourd'hui, de nombreuses espèces sont protégées. Avant d'aller faire votre cueillette, vous vous informerez auprès de votre pharmacien ou à la mairie, afin de connaître les différentes plantes à ne pas cueillir car néfaste à votre santé ou encore du fait de leur rareté. Le ramassage se fera, par temps sec (le sol n'ayant plus de traces d'humidité) : tôt le matin, en mai.... ou plus tard, en fonction des périodes de floraison !

Vous prendrez soins de ne couper que la partie dont vous avez besoin : ce sera des feuilles ou des fleurs – afin que la plante puisse continuer à respirer et à se reproduire. Elles seront ensuite, transportées, découvertes.

Vous les mettrez à sécher tout en les protégeant de la poussière : étalées en fine couche sur des claies aérées, pendant plusieurs jours – ou plusieurs semaines lorsqu'il s'agira de racines.

Vous pourrez ensuite les utiliser, tout au long de l'année, en tisane, en décoction.

La nature nous offre un vaste choix de plantes
à étudier attentivement,
nous rappelant que la nature et l'homme sont solidaires !

*

* *

Parmi ces médecines de plus en plus recherchées, l'Homéopathie, l'Aromathérapie, les Fleurs de Bach, la Phytothérapie, etc...

A/ L'homéopathie

L'homéopathie est une méthode thérapeutique basée sur une approche originale de la maladie : en effet, elle considère que les défenses naturelles de l'organisme sont à même de faire face à la plupart des maladies.

Du fait que l'individualisation du traitement est une des bases de la guérison, le médecin homéopathe écoutera attentivement le patient : écoute au sujet de la maladie, objet de la visite, mais aussi de son mode de vie. Il recherchera les indices concernant non seulement l'état de santé actuel mais également ses prédispositions à telle ou telle maladie.

Grâce à son traitement, le médecin homéopathe assurera la guérison de la maladie, mais aussi stimulera, consolidera l'état général afin d'éviter d'éventuelles rechutes.

*

Afin d'organiser cette « *stimulation* » de notre potentiel personne, les remèdes homéopathiques sont fabriqués
en *respectant* 3 critères de bases :

Le principe de similitude,
ce principe de base de l'homéopathie qui affirme la similitude entre le pouvoir toxique d'une substance et son pouvoir thérapeutique ; ce principe pourrait se traduire par l'expression :
« Soigner le mal par le mal ».

Le principe de division,
les substances capables de guérir doivent être prescrites à des doses infinitésimales ; on prépare les remèdes homéopathiques à partir d'un *système* de division très rigoureux.... Un vrai travail de patience !

Le principe de l'individualisation,
l'homéopathie se *caractérise* par le principe de l'individualisation du traitement. En effet, pour le médecin homéopathe, il n'y a pas de maladies mais des malades, ce qui signifie que pour le même traitement, un médecin pourra prescrire à deux personnes, deux traitement différents.

Pourquoi, ces différences ?

Parce que le médecin analysera toujours des symptômes liés à la maladie (communs à tous les malades), et également des symptômes propres à chacun, qui témoignent d'une réaction individuelle lors d'une maladie donnée (il est fréquent que, pour un même mal, certains patients, par exemple, aient beaucoup de fièvre et d'autres pas du tout car chaque organisme a son propre système de défense).

*

C'est le Docteur Hahnemann, il y a deux cents ans, qui proposa des traitements à base de plantes contre les douleurs, par exemple des gouttes de teinture-mère à diluer dans l'eau...

Pour la préparation, le laboratoire va fabriquer une liqueur, faite par exemple, à base d'ail, pour l'Allium cepa – destiné à traiter les douleurs lombaires, dorsales ou cervicales et assouplir les ankyloses de la colonne vertébrale car l'ail améliore la souplesse de la colonne vertébrale). Cette préparation s'appellera « teinture-mère » dont la concentration en essences extraites de gousses d'ail est sans doute opérée à peu près de la même manière que pour l'obtention des parfums. Cette teinture-mère sera ensuite diluée.

Les médecins qui pratiquent l'homéopathie doivent en informer le Conseil Départemental de l'Ordre des Médecins ; en effet, il faut savoir que les médecins homéopathes sont presque toujours médecins généralistes diplômés, car l'homéopathie ne soigne pas tout !

Une visite chez un homéopathe est souvent plus longue, plus fouillée qu'une visite chez un médecin classique...

*

En ce qui concerne les médicaments
Il n'existe pas de risques concernant leur toxicité... Les médicaments homéopathiques sont la plupart du temps fabriqués à partir de *substances* d'origine végétale, animale ou minérale, à des doses homéopathiques, souvent sous la forme de granules, *conditionnés* pour que le patient ne touche ni ne manipule celles-ci ; dans le capuchon du tube, il placera la dose nécessaire qu'il versera *directement* sous la langue afin que les granules fondent.

Il ne prendra les granules qu'en cours de journée : environ 15 minutes avant les repas.
Il n'utilisera pas de dentifrice à la menthe ou au menthol, ni ne « mangera de menthe » quand il prendra un remède homéopathique.

Les maladies chroniques
l'efficacité de l'homéopathie est reconnue en ce qui concerne le traitement des maladies chroniques difficiles à enrayer par la médecine traditionnelle : elle peut être utile après un traitement antibiotique qui a été nécessaire pour traiter une maladie, par exemple une angine dont vous souffrez plusieurs fois dans l'année : là, un traitement homéopathique pourra vous éviter des récidives.
– il faut savoir que la durée du traitement homéopathique *dépendra* de l'ancienneté de votre maladie ; si vous « traînez » ce mal depuis longtemps déjà, un traitement de longue haleine vous permettra d'espacer les crises, d'atténuer les symptômes avant que la maladie ne disparaisse totalement (exemples : sinusites, angines chroniques...).

Les maladies virales
Sur ces maladies qui s'accompagnent souvent de symptômes aigus, le traitement homéopathique peut avoir des effets très bénéfiques et très rapides (guérison en quelques jours pour des grippes, des rhinopharyngites....).

Les maladies psychologiques, la somatisation...
Devant les symptômes parfois inexplicables, souvent dus au stress, à une mauvaise hygiène de vie ou à des problèmes d'ordre psychologique, des individus peuvent « *somatiser* », et donc tomber malade... L'homéopathie peut avoir des effets bénéfiques. Après une *écoute privilégiée* de son malade, l'homéopathe prescrira un traitement qui agira sur son « *mental* », lui permettant très rapidement de se sentir mieux et d'enrayer les *symptômes réels* dont son corps souffrait, par exemple : troubles de la digestion, du sommeil, palpitations...

*
* *

B/ Les Fleurs de Bach

*Cette médecine douce alliant la plénitude du corps à la plénitude
de l'esprit, harmonie que les Egyptiens reconnaissaient déjà.
Dans la Grèce antique, Hippocrate, médecin, et ensuite, Paracelse,
médecin et alchimiste suisse du 16ème siècle, puis
Hahnemann, médecin allemand du 19ème siècle, père de
l'homéopathie, constataient qu'une médecine devait avoir prise sur
le corps en même temps que sur l'esprit, l'âme.*

C'est dans les année 1930, qu'en Angleterre, un jeune
médecin Edouard Bach, découvre une thérapie à base d'essences
de fleurs :

– pour cela le Docteur Bach établit une *typologie* de *38
états* correspondant à 38 *essences* de fleurs : « ces essences
qui agissent comme catalyseurs permettant de *débloquer*
les émotions pour retrouver les harmonies physique et
spirituelle » ;

– ce sont des essences et non des médicaments, qui peuvent
donc être prises en même temps que des traitements
médicaux ; en effet, il s'agit de libérer les tensions qui sont
responsables de la maladie physique...

*

**Classées en 7 groupes, par le Docteur Bach,
38 fleurs correspondant à 38 états d'âme...**

La peur : panique incontrôlée, peur de choses précises, timidité.

L'incertitude : manque de confiance en soi, indécision,
 résignation.

Le manque d'intérêt pour le présent : mélancolie sans raison
apparente, absence, passéisme.

La solitude : orgueil, irritabilité, intolérance.

L'hypersensibilité aux influences et aux idées des autres : envie,
faiblesse, trop grande gentillesse.

Le découragement et le désespoir : insatisfaction, manque de
volonté, autocritique permanente.

Le trop grand intérêt pour les affaires des autres : domination,
critique, possession.

*

Le Docteur Bach a également prévu un remède : appelé remède « *aux 5 fleurs* », composé floral qui pourra être utilisé dans *l'urgence,* en cas de choc émotionnel ou physique...   Il s'agit d'un *mélange des fleurs suivantes : Clématite, Lotus, Héliothème, Impatience, Prunus et la Dame d'Onze heures ou Etoile de Bethléem.* Cependant, de nombreuses autres essences ont vu le jour, un peu partout dans le monde, à partir de fruits et légumes... mais toutes ont été élaborées dans l'esprit et la méthode du Docteur Bach, pour le bienfait de la santé !

*

Comment choisir les Fleurs de Bach qui vous conviennent
Vous pouvez choisir les Fleurs de Bach avec discernement en utilisant une des deux *méthodes* qui existent : la méthode de l'introspection et celle de l'intuition...

1 – Méthode de l'intropection

Il s'agit de s'auto-analyser avec clairvoyance et honnêteté. Pour cela, il faut :
- déterminez, nommez votre *mal-être,*
- puis identifiez les symptômes qui en résultent tant physiques que psychiques ou émotionnels ;
- il est important de rechercher les causes *apparentes* qui ont engendré les symptômes (dont ce mal-être) ; ce n'est pas fouiller votre inconscient mais reconnaître ce qui vous *entrave* au quotidien. – Cependant, si vous reconnaissez plusieurs symptômes, il est bon de les *hiérarchiser* en *sélectionnant* deux ou trois, qui permettront d'établir un

premier mélange d'essences de fleurs... il existe des *livres de conseils* !

2 – **Méthode de l'intuition**

Pour cette méthode qui est la plus conseillée :
- vous devrez vous *munir* d'un Jeu de cartes de fleurs de Bach ou d'un livre illustré sur les fleurs ;
- placez les cartes du jeu, *face cachée,* sur une table,
- et passez doucement votre main au-dessus d'elles...
- intuitivement, vous serez plus attiré par les unes ou par les autres ;
- vous en choisirez jusqu'à *sept,* que vous retournerez,
- puis vous les observerez jusqu'à vous en *imprégner* – avant de dire à quoi elles correspondent !

*

Les sept « tensions » psychologiques ou psychiques

La peur,
• le mimule (Mimulus), le marronnier rouge, le prunus, le tremble, l'hélianthème.

Le doute d'incertitude,
• la folle avoine, l'ajonc, le charme, les fleurs de scléranthus, la gentiane, l'églantine, la gnavelle annuelle, le plumbago.

Le manque d'intérêt pour le présent,
• la clématite, l'églantier, le marronnier, le bourgeon de marronnier, le chèvrefeuille, la moutarde, l'olivier.

La solitude,
• la bruyère, l'impatiente, la violette d'eau, l'hottonie des marais.

L'hypersensibilité,
• la centaurée, l'aigremoine, le houx, le noyer.

Le découragement, le désespoir,
• l'orme, le pin sylvestre, le pommier sauvage, le saule, le châtaignier, le chêne, le mélèze.

L'inquiétude pour le bien-être d'autrui,
• le hêtre, la verveine, la vigne, la chicorée, l'eau de roche.

*

C/ Pourquoi oublie-t-on le charbon végétal ?

Le charbon végétal est une poudre noire, très fine, sans odeur, capable de fixer, d'absorber tout ce qui est *indésirable* dans le corps (additifs alimentaires, résidus de pesticides, bactéries toxiques provenant de champignons, poissons ou coquillages...) : ce qui *l'empoisonne.* Il pompe les substances toxiques... c'est une puissante *pompe à poisons* ne présentant aucun effet secondaire. Il est parfaitement toléré.

Il est préparé à partir de coques de noix de coco ou de bois qui subissent une carbonisation, (variant de 600 à 900 degrés en l'absence d'air) puis une préparation particulière...

Connu depuis des millénaires, dans le *papyrus d'Ebes* (médecin de Ptolémée XII) datant de 1550 ans avant J.C, il est préconisé comme antidote universel. C'est principalement grâce au Docteur Camille Belloc, chirurgien aide-major au 5° Dragons, au 19° siècle, qu'il est sorti de l'oubli et commercialisé.

Jusqu'à la découverte de la pénicilline par Flemming, en 1940, le charbon végétal actif a été employé pour son pouvoir anti-infectieux, pour lutter contre les staphylocoques, les méningocoques, les gonocoques, les colibacilles... et autres toxines bactériennes et virales. Aujourd'hui, grâce à des preuves scientifiques, nous savons que du fait de sa porosité et de son excellent pouvoir d'absorption, il est capable d'absorber les virus, les bactéries pathogènes ainsi que les toxines bactériennes dans l'intestin (on dispose de plus de 500 articles et 10 000 références scientifiques, signale de Docteur Jean-Pierre Willem, auteur d'articles sur le Charbon Végétal).

309

Aux Etats-Unis, il est utilisé pour les troubles gastro-intestinaux, pour *neutraliser* le choléra, la variole, la typhoïde et toutes les fièvres virales.... la tourista (diarrhée des pays chauds).

Actuellement, on le redécouvre pour traiter de nombreux troubles *fonctionnels* dus à une mauvaise hygiène alimentaire : excès de sucrerie, fritures, alcool – et traiter les douleurs abdominales, les crampes, éructation... il fait baisser la concentration de matières grasse et fait blanchir les dents (utilisation 1 à 2 fois par semaine) – (cependant il faut estimer 5 jours pour éliminer *les résidus de produits toxiques ou virus...*). Certains peuvent parler de constipation (dans ce cas, pendre du Sorbitol ?).

Par ailleurs, quelques précautions : attention aussi aux prises de contraceptif en même temps et il faut absolument que les prises soient en dehors des repas : 1 à 2 heures !).

Indications possibles, sur avis du médecin cependant,
augmentation du cholestérol et triglycérides – cirrhose – alcoolisme – encéphalopathie hépatique – toxicomanie (tabac, drogue) – problèmes allergiques (prurit, eczéma) – champignons vénéneux et piqûres de guêpes, scorpions... tous toxiques – effets secondaires de la chimiothérapie – neutraliser les métaux lourds : mercure, plomb, cadmium, nickel – herbicide.... – certaines substances radioactives – désintoxiquer les effets néfastes dus aux analgésiques, fébrifuges, antidépresseurs...

*

D/ L'aromathérapie

Découvrir l'aromathérapie - Qu'est-ce qu'une huile essentielle ?

N'avez-vous jamais pensé utiliser la *nature* pour remédier à certains problèmes d'équilibre alimentaire, d'exercices physiques, de méditation, de respiration ?

C'est peut-être notre bien-être en général : bien-être physique, mental, émotionnel...

L'aromathérapie, c'est *l'utilisation* des Huiles Essentielles. Substance hautement *volatile*, elle est obtenue par distillation à la vapeur d'eau, afin de récupérer les molécules aromatiques secrétées par la plante.

Cependant, il faut *distinguer* l' « essence » - de l'« huile essentielle.

Les bienfaits des huiles essentielles (l'aromatéapie)

Les vertus thérapeutiques des Huiles Essentielles peuvent vous être utiles lors de vos déplacements ou dans votre maison ; avec une Huile Essentielle de qualité, vous obtiendrez de bons résultats.

Précaution : avant l'utilisation, testez le produit sur le bras :

appliquez 1 goutte sur le bras ou dans le pli du coude et attendez 12 heures. Si une rougeur ou démangeaison survient, n'utilisez pas le produit.

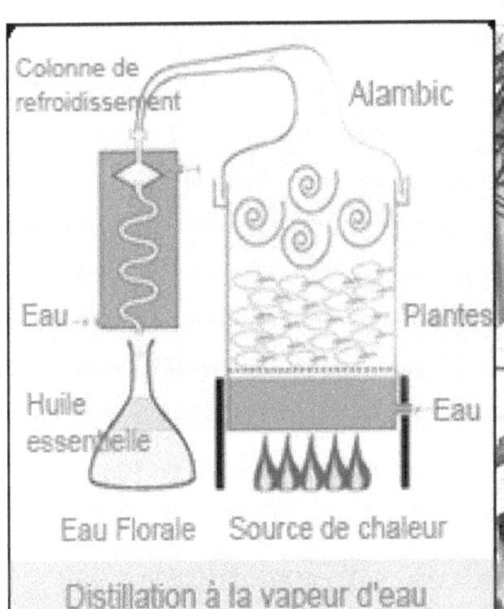

sa fabrication

1 - « *Distillation à la vapeur d'eau (Florame)* » ; est distribué sous licence CC BY-SA 4.0. Auteur Pnd26

2 - «*Le monoï est une huile obtenue par la macération des fleurs de tiaré dans l'huile raffinée de coco*» GFDL   Auteur : Verodemortillet   Wikipédia

Quelques exemples d'huiles essentielles

Huiles essentielles :

–   d'Orange Douce, au parfum fruité et frais, calmante, apaisante, aide à la concentration ;

–   d'Eucalyptus Radiata (ou eucalyptus radié) : en parfum, impression de grande fraîcheur ; connue pour ses qualités antibactériennes et antivirales ;

–   de Citronnelle, purifie l'air ambiant et chasse les mauvaises odeurs ;

–   de Menthe Poivrée : rafraîchissante ; en massage, dans une huile végétale, est employée pour les muscles et articulations ;

- d'Arbre à Thé (Tea Tree) : en diffusion, aide à combattre la fatigue, assainir l'air ambiant ;

- de Cèdre de l'Atlas, est connue pour ses nombreuses propriétés ; une huile essentielle incontournable et majeure ;

- de Citron d'Italie appréciée pour la douceur de son parfum d'agrume. En diffusion, assainit l'air ambiant, stimule la concentration et les capacités intellectuelles ;

- de Laurier Noble, en diffusion, aide à se concentrer et repousser le stress ;

- de Lavande Vraie (Lavandula angustifolia), est utilisable par tous et présente de nombreuses propriétés de bien-être ;

- de Thym à Thymolette, huile essentielle de Thym, appelé également « Thym blanc », huile exceptionnelle ! Diluée dans une huile végétale et avec d'autres huiles essentielles aide à un massage « anti-fatigue». Elle est antivirale, antiseptique, antifongique, antibactérienne...

- de Géranium Rosat, dit Géranium odorant ou Géranium d'Egypte, l'une des espèces les plus parfumées, est utilisée principalement pour la peau. Diluée dans une huile végétale, l'huile essentielle de Géranium Rosat dispose d'un parfum agréable et léger semblable à la rose ;

- de Basilic - Ocimum basilicum, dit aussi «basilic exotique ou Tropical», en inhalation, a la particularité d'être à la fois stimulante et calmante ;

- d'Ylang Ylang, est souvent utilisée en cosmétique pour son parfum enchanteur ! En diffusion, l'huile essentielle d'Ylang Ylang procure une sensation de bien-être ; également connue pour son effet contre le stress et la fatigue et son action contre les douleurs musculaires et articulaires ;

- de Sauge sclarée est connue pour ses nombreuses propriétés. En diffusion, cette l'huile essentielle est relaxante et apaisante ;

- de Romarin Officinalis est connue pour être tonifiante et stimulante. Diluée dans une huile végétale, elle permet alors un massage musculaire revitalisant ;

- de Romarin à camphre est connue pour être à la fois tonifiante et décontractante. Diluée dans une huile végétale, permet alors un massage musculaire de récupération ;

- de Cannelle Feuilles, laisse un parfum épicée proche du clou de Girofle, utilisée en parfumerie. elle est aussi connue pour ses nombreuses propriétés anti-infectieuses. Diluée dans une huile végétale, elle est utilisée en massage pour ses qualités antalgiques ;

- de Coriandre, est énergisante et tonifiante. En diffusion, elle redonne du tonus et assainit la maison, et reconnue comme antibactérienne, antivirale et antifongique ;

- de Niaouli, est utilisée pour ses nombreuses propriétés. En diffusion, elle peut être associée à d'autres huiles essentielles pour le bien-être et la prévention contre les infections hivernales ;

- de Patchouli a un parfum boisé et épicé, principalement relaxante. En diffusion, elle aide à retrouver le calme...

- d'Anis Pimpinella, appelée aussi «anis vert», s'utilise surtout par voie cutanée, diluée dans une huile végétale, devient alors une huile de massage utilisée pour ses nombreuses propriétés ...

Ces huiles essentielles citées ne sont qu'une partie d'un tout important concernant l'aromathérapie...

Sites et livres, guides : « le grand livre de l'aromathérapie de Nelly Grosjean Edition Eyrolles ; « 3 semaines pour mincir, le « petit livre des huiles essentielles » de Guillaume Gerault - éditions Albin Michel ; et plusieurs sites dont www.voshuiles.com, www.passeportsante.net, etc...

*

CINQUIEME PARTIE

Connaissance des plantes

Les « Simples »...
« La Nature n'est pas le décor de l'existence, c'est la plus grande
mutuelle du monde où toutes les espèces de tous les règnes
vivent en interdépendance ;
nous faisons partie de cette immense chaîne de
solidarité et notre avenir est intimement
lié au respect du vivant ».
Jean-Louis ETIENNE, Médecin explorateur contemporain

Cette section « Connaissance des Plantes » n'est qu'un « pense-bête »,
ne remplaçant, en aucun cas,
les indispensables conseils de votre médecin ou de votre pharmacien.

Le jardin des Simples au Potager du château de Villandry

316

•**l'abuta (Abutua, butua), n.m**
- famille des Menispermaceaes,
- arbuste d'Amérique centrale, Asie... (appelé aussi à Cayenne « liane amère »), dont l'amande fournit de la fécule et de l'huile.
- *en thérapeutique* : jadis, employé comme diurétique et contre les hypertrophies du foie.

• **l'abutilon (arabe : auboutiloun ou aboutiloun), n.m**
- genre de plantes de la famille des Malvacées, tribus des sidas,
- plante des régions chaudes et tempérées.
- *en thérapeutique* : les feuilles émollientes et mucilagineuses et les graines sont apéritives et diurétiques.

• **l'absinthe (en gr. Apsinthion voulant dire « qu'il est impossible de boire »),**
- plante vivace de la famille des Composées ou Astéracées, d'une odeur forte et à la saveur amère.
- *en thérapeutique* : l'absinthe est stomachique, anti-acide, vermifuge.
  L'abus de l'absinthe conduit à une intoxication de tout l'organisme appelée « absinthisme », qui atteint le système nerveux.

• **l'acacia, n.m**
- famille des Légumineuses, arbre, au bois dur, croissant sous toutes les latitudes, et surtout dans les régions désertiques, dont certaines espèces sont épineuses,
- le suc d'acacia est extrait des gousses.
- *en thérapeutique* : le miel d'acacia est supporté par les diabétiques.

• **l'acérola (Malpighia punicifolia)**
- petit arbuste qui pousse dans les forêts d'Amérique du Sud, d'Amérique Centrale et de Jamaïque,

Photos R.P. Robert Fritsch, Chambéry-France   1-Hysopus officinale ; 2-Romarin ; 3-Coriandre

- la partie utilisée est le fruit du même nom : petit, rouge brique, qui ressemble à une cerise ; appelé aussi « cerise des Barbades ».
- *en thérapeutique* : l'acérola est 100 fois plus riche en vitamine C que l'orange : une cerise « acérola » contient autant de vitamine C. qu'une livre d'oranges !
  L'acérola est un *antioxydant*, stimulant des fonctions immunitaires et des défenses de l'organisme ; excellent complément dans les régimes alimentaires pauvres en fruits et légumes et recommandé   aux   fumeurs dont les besoins en vitamine C sont accrus.

• l'ache (Apium – ou ache des marais), n.m
- de la famille des plantes Ombellifères aminées, comprenant plusieurs espèces dont l'une des plus communes est le céleri, les espèces dont l'une des plus communes est le céleri, les Italiens ont, les premiers, transformé l'ache sauvage en plante potagère,
- il s'agit d'une plante à racine courte et pivotante, à tige herbacée, aux feuilles ailées, très découpées, aux fleurs d'un blanc-verdâtre, disposées en ombelles.
- *en thérapeutique* : l'ache est diurétique, expectorante, résolutive, associée au quinquina, elle est employée comme fébrifuge ; l'ache   joue un grand rôle dans l'art culinaire.

• l'achillée (de Achille : qui a reçu du Centaure Chiron, la connaissance des plantes) n.f
- famille des Composées, tribu des radiées,
- parmi les espèces, on trouve le mille-feuilles.
- *en thérapeutique :* l'achillée est dépurative, bénéfique pour la goutte, les rhumatismes ; elle traite également la migraine et les maux de tête,
- préparation de la tisane : une cuiller à thé pour une tasse d'eau (15cl)

• l'acomas, n.m
- famille des Bixacées.

- *en thérapeutique* : l'acomas de Guyane, a été utilisé pour traiter les maladies vénériennes.

• **l'acorus, n.m**
  - famille des Aroïdées,
  - plante vivace à rhizome ramifié, à fleurs hermaphrodites, à feuilles rubanées et engainantes, à inflorescence terminale.
  - *en thérapeutique* : le rhizome, aromatique et sudorifique, servirait aussi contre les gastralgies.
  - en infusion : à raison de 12 gr. pour 1 litre d'eau.

• **l'acrocome (gr. Akron, sommet – et Komé, chevelu), n.m**
  - famille de Palmiers américains,
  - arbre dont la tige est dilatée en son milieu.
  - *en thérapeutique* : son péricarpe et son amande combattraient les affections pulmonaires notamment la toux.

• **l'adoxe (gr. a=priv. – et doxa=gloire), n.f**
  - famille des Rubiacées ;
  - plante printanière, à odeur de musc ; plante appelée aussi « herbe au musc ».
  - *en thérapeutique* : l'adoxe a des vertus antispamodiques.

• **l'aigremoine (gr. Argmôné, argémos = taie, enveloppe)**
  - famille des Rosacées, tribu de potériées.
  - *en thérapeutique* : une espèce, l'aigremoine eupatoire, aux fleurs jaunes, a des vertus astringentes et vulnéraires.

• **l'ail (Alium), n.m (Voir chapitre « insecticides » ;**
  - famille des Liliacées (genre qui comprend un grand nombre d'espèces dont l'oignon, le poireau, l'échalote, la ciboule, la civette...) ;
  - il s'agit de bulbes d'une odeur forte et d'un goût acre, s'employant pour assaisonner, accompagner les plats ;

- il existe de nombreuses variétés d'ail ;
- il est très employé dans les régions voisines de la Méditerranée pour des fabrications comme celle de l'aïoli.
- *en thérapeutique* : l'ail a de nombreuses vertus : on l'appelait la « panacée du pauvre » ;
- il abaisse le taux de cholestérol, prévient l'athérosclérose, anti-hypertenseur car permet la dilatation des vaisseaux et améliore la circulation sanguine.
- La poudre de bulbe d'ail est un désinfectant intestinal. De plus, il est vermifuge.

En Orient, pillé et séché, l'ail a le même usage, dans les plats, que le poivre qu'il remplace souvent. Les anciens l'utilisaient dans l'industrie, mélangé à la colle de farine ; il lui donnait plus de force adhésive et permettait que l'on s'en serve pour recoller de la porcelaine.

• l'alchémille (de l'arabe : Al kémeliekh (alchimique), n.f
- famille des Rosacées et de la tribu des agrimoniées ;
- elle est désignée aussi, sous les noms de « pied-de-lion, pied-de -lapin, mantelet de dame... » ;
- elle pousse notamment dans les régions boisées.
- *en thérapeutique :* l'alchémille a des vertus apaisantes ; elle est légèrement astringente.
- préparation de la tisane ; utilisation pour les femmes : infusée, elle est recommandée trois fois par jour, avant un accouchement, pour le faciliter.
  Par ailleurs, à raison de 4 cuillerées à thé d'alchémille dans une tasse d'eau (sans sucre), elle calmera les douleurs menstruelles.

• l'alfalfa (Medicago sativa)
- il s'agit d'une plante merveilleuse, contenant des protéines, un oestrogène végétal et du fer, qu'on rencontre dans les régions tempérées d'Europe, recherchée pour ses qualités nutritives et reminéralisantes.
- *en thérapeutique* : la partie utilisée est le suc contenu dans les feuilles.

L'alfalfa est utile pour traiter l'anémie, l'asthénie, l'ostéoporose et les ongles ainsi que les cheveux cassants ; l'alfalfa prévient l'athérosclérose.

• **l'alkékenge (mot arabe), n.f**
- famille des Solanacées ;
- espèce du genre physlide (physalis alkekengi), vulgairement appelée « coqueret » ; elle pousse en France, en Allemagne, Italie.
- *ses propriétés thérapeutiques* : ses baies rouges acides, sont rafraîchissantes et diurétiques.

• **l'aloés (du grec Aloé), n.m**
- famille des Liliacées, tribu des aloïnées,
- les feuilles de l'aloès, grand végétal arborescent, sont épaisses et charnues ;
- les fleurs sont d'une couleur jaune-verdâtre, ou rouge obscur (parfois tricolore).
- *en thérapeutique* : le suc officinal : suc aromatique est contenu dans les feuilles ;   l'aloès est stomachique, tonique à la dose de 5 à 20 centigrammes ;   purgatif à la dose de 50 centigrammes à 1 gramme.

• **l'alpinie, n.f**
- famille des Zingibéracées.
- *en thérapeutique* : le rhizome de la plante a des vertus aromatiques stimulantes.

• **l'amome (Amômon), n.m**
- famille des Scitaminées, tribu des amomées ;
- il y a l'amome de l'Inde et l'amome de Madagascar : on parle du parfum de l'amome ;
- les anciens l'utilisaient pour embaumer les corps et les romaines s'en parfumaient la chevelure.

• **l'ananas (Ananas comosus), n.m**
  – famille des Broméliacées,
  – plante exotique, découverte par Christophe Colomb en 1493, à la Guadeloupe, où elle est appelée « nana » ;
  – plante vivace aux feuilles longues, épineuses sur les bords ;
  – le fruit est surmonté d'un bouquet ou couronne de petites feuilles ;
  – sa tige seule contient de la bromélaïne, utile en médecine.
  – *en thérapeutique* : la bromélaïne a une action anti-inflammatoire pour la résorption des oedèmes localisés, hématomes, foulures... elle éviterait la montée du taux d'insuline dans le sang. Par ailleurs, elle est intéressante pour la surcharge pondérale.

• **l'aneth, le fenouil (du grec Anêthon = fenouil), n.m**
  – famille des Ombellifères,
  – plante vivace, à fleurs jeunes, à fruits ornés de côtes épaisses.
  – en cuisine : avec la graine de fenouil, on fait une excellente liqueur de ménage : même recette que l'anisette ordinaire, dans une eau-de-vie à 40% ;
  – dans le midi de la France, en Provence, la salade italienne au fenouil est populaire dans les campagnes. Les tiges et les côtes sont apprêtées comme toute salade ; le fenouil peut-être également préparé comme les autres légumes : oseille, épinard...
  – *en thérapeutique* : le fenouil officinal (Feniculum officinale) a une racine diurétique, apéritive, un fruit aromatique, stomachique, carminatif.

• **l'angélique (Angelica archangelica), vient d'« ange », à cause des grandes vertus qu'on lui attribue, n.f ;**
  – famille des Ombellifères sésélinées-angélicées ;
  – on la trouve à l'état sauvage, dans les régions montagneuses ;
  – elle possède des feuilles décomposées en larges segments dentés.
  – L'angélique officinale a de grosses tiges, cannelées, aromatiques,

qu'on peut manger confites et qui sert à fabriquer des liqueurs.
- *en thérapeutique* : « l'angélique officinale » ; sa racine renferme une huile essentielle bénéfique pour le système digestif ;
- l'angélique calme les colites, douleurs, spasmes intestinaux (évitant la formation de gaz intestinaux), digestions difficiles ; elle est utile également pour traiter les migraines et crampes.

Liqueur d'angélique
- Dans de l'eau-de-vie, vous placerez les tiges fraîches ;
- vous ajouterez des amandes amères affinées ;
- puis du sucre que vous aurez fait dissoudre auparavant,
- vous laisserez macérer le tout plusieurs heures puis vous filtrerez.

• l'anis, n.m
- famille des Ombellifères, du genre « boucage ».
- *en thérapeutique* : les akènes d'anis sont indiquées contre les digestions difficiles et contre les flatulences, en infusion, à raison de 5 à 10 gr par litre.

• le Ratafia d'anis : liqueur de table
- Dans 1,5 l. d'eau-de-vie à 24° ;
- vous mettrez 45 gr. d'anis ;
- vous ajouterez 80 gr. de sucre que vous aurez fait dissoudre auparavant ; faîtes macérer le tout quelques heures, puis filtrez !

• l'armoise (Artemisia vulgaris), n.f – nom qui vient du grec « artemisia, de Artémis » : nom grec de Diane
- famille des Composées-artémisiées.
- *en thérapeutique* : l'huile essentielle contenue dans la feuille a des propriétés antispasmodiques, régulatrices du cycle menstruel des règles et calment les douleurs.

• l'armoracie (du latin « Armorica pour Aremorica » : l'Armorique

où croît cette plante
- famille des Crucifères-lunariées ;
- elle est nommée communément sous les noms de « moutarde
- d'Allemagne » ou « moutarde Capucins ». on la trouve dans les lieux humides, en bord de ruisseaux.
- *en thérapeutique :* sa racine est douée de propriétés
- antiscorbutiques. Elle est employée également comme vermifuge, stimulant, diurétique.

• **l'arnica (lat. Ptarnica), n.f**
- famille des Composées-sénécionidées ;
- plante à fleurs jaunes, vulgairement appelée
  « tabac des Vosges » et « Bétoine des montagnes » ;
- elle croît dans les montagnes ; en France : dans les Alpes et dans les Pyrénées ; en Suisse... ;
- elle sert à la confection de la Vulnéraire Suisse.
- *en thérapeutique* : elle est utilisée comme diurétique, tonique, fébrifuge. La teinture d'arnica est parfois employée pour traiter les contusions et les douleurs.

• **l'artichaut (lat. Cynara scolymus), n.m**
- famille des Composées, genre « cynare », tribu des carduées ;
- plante connue depuis l'antiquité, vivace, glabre, à tige très épaisse, rameuse, cannelée, à feuilles amples, de couleur vert-pâle en dessus et blanchâtre en dessous ;
- il a un capitule très volumineux, solitaire, à l'extrémité du rameau et un réceptacle charnu, très épais, appelé « fond d'artichaut ».
- *en thérapeutique* : il permet de combattre la constipation liée à l'insuffisance hépatique. La feuille d'artichaut est utilisée pour soigner les troubles du foie et de la vésicule biliaire. C'est un hépatoprotecteur et régénérateur de la cellule hépatique, utilisé les ictères et recommandé chez les cirrhotiques...

325

• **l'asperge (lat. Asparagus), n.f**
- famille des Liliacées dont on mange les tiges tendres ;
- il s'agit d'un périanthe à 6 divisions soudées à la base : les tiges dressées, cylindriques, mesurent environ 10 cm, s'élèvent de la souche épaisse, horizontale, charnue.
- *en thérapeutique* : l'asperge a des vertus diurétiques et sédatives

• **l'astragale, n.m**
- genre de Légumineuses papilionacées ;
- les arbrisseaux ont des fleurs situées en grappes, en épis ou en ombelles, rarement solitaires ;
- ce sont des végétaux rameux, à fleurs blanches, jaunes, violettes ou purpurines.
- *en thérapeutique* : l'astragale des environs de Paris était recherché pour le traitement des coliques et rétentions d'eau. Par ailleurs, l'astragale sans tige, (astragalus excapus des Alpes) s'employait pour traiter les accidents consécutifs à la syphilis.

• **l'astrance (ou astrantia) (rad. Astre), n. f**
- famille des Ombellifères, tribu des saniculées ;
- plante dont les fleurs ressemblent à des étoiles : calice à 5 dents persistantes, 5 pétales lancéolés, fleurs blanches ou roses, ombelles simples ;
- originaire d'Asie mais on la trouve aussi dans les montagnes d'Europe, fleurissant de juin à août.
- *en thérapeutique* : sa racine est purgative.

• **l'aubépine (lat. Albus), n. f**
- Ronsard célèbre l'aubépine dans ses Odes...
- famille des Rosacées, tribu des pomacées ;
- l'aubépine est un abuste à fleurs blanches, odorantes, aux fruits rouges ;
- *en thérapeutique* : « l'aubépine est la plante du coeur ». Elle réduit la nervosité et l'anxiété des adultes et enfants, soigne les troubles du sommeil et améliore le rythme cardiaque chez les

- spasmophiles, remplaçant avantageusement les médicaments classiques de l'anxiété.

• l'aunée ou aulnée (lat. Alnus), n.f
- genre de Composées-inulées, comprenant de nombreuses espèces ;
- plante vivace à capitules jaunes, dont les racines ont une saveur amère et aromatique.
- *en thérapeutique* : plusieurs espèces sont employées en médecine mais surtout pour les racines (sous le nom de inula-campana).

• l'avoine (Avena sativa), n.f
- famille des Graminées, tribu des avenacées,
- plante à épillets à 3 fleurs, hermaphrodites, dont la partie supérieure est stérile.
- *en thérapeutique* : les grains d'avoine sont énergétiques et ont des propriétés sédatives. On recommande l'avoine pour l'asthénie grâce à ses vitamines E, ses minéraux et protéines. Elle est bénéfique pour le système nerveux et permet de lutter contre l'anxiété, le stress, l'énervement, l'agitation et l'hyperémotivité, l'insomnie surtout liée au surmenage intellectuel...

• la badiane (Illicium), n.f
- famille des Magnoliacées-illiciéees
- arbuste à fruits composés en 6 à 12 capsules : chacune contient une graine ovoïde, lisse, possédant une amande blanchâtre et huileuse.
Les fruits (anis étoilés) provenant de l'illicium-anisatum de Chine, sont utilisés dans la préparation de l'anisette.
- *en thérapeutique* : la badiane a des propriétés stomachiques, stimulantes, utiles pour la médecine ; les Chinois en aromatisent le thé.
  - **Attention : la badiane du Japon est connue pour sa grande toxicité pour le système nerveux central : produit interdit !**

- **la balanite (gr. Balanos=gland), n.m**
    - famille des Rutacées ;
    - arbuste des pays chaud, à rameaux épineux, à feuilles alternes, à fleurs disposées en cymes axiliaires. Le fruit ? Un drupe similaire à l'olive, qui contient une graine à embryon charnu.
    - La balanite d'Egypte porte des fruits sucrés, mangés murs sous le nom de « dattes du désert ». L'embryon de la graine fournit l'huile et la pulpe sert à faire une boisson fermentée.

- **la ballote (Ballota nigra), n.f**
    - famille des Labiées, proche des marrubes (vulgairement appelée « marrube noir ») ;
    - ses fleurs sont d'un brun rougeâtre.
    - *en thérapeutique* : plante dont l'utilisation remonte à l'Antiquité, possédant de propriétés sédatives, anxiolytiques et anti-dépressives, donc utile dans les cas de nervosité, déprime, insomnie (chez les anxieux). Elle est de plus, un vermifuge.

- **la balsamée (gr. Balsamon) (ou balsamodendron), n.f**
    - famille des Térébenthacées-bursérées ;
    - arbuste à fleurs régulières et polygames, qu'on trouve sur les bords de la Mer Rouge, de l'Inde, de Madagascar...
    - La « balsamea opobalsamum », appelée autrefois « baumier », originaire de Judée, d'Egypte, de Constantinople, était utilisée dès l'Antiquité par les médecins grecs.
    - Dans l'Ecriture Sainte, il est dit que « l'arbre fournit les baumes de la Mecque, de Judée. »
    - La « balsamea myrrha » fournit la myrrhe fluide.

- **le bambou (Bambusa arundinacea), n.m**
    - arbre gigantesque possédant des chaumes qui peuvent avoir jusqu'à 20 m de hauteur ;
    - famille des Graminées, tribu de bambusées ;
    - ses tiges, simples, dont la cavité intérieure est séparée, à intervalles

réguliers, par d'épaisses cloisons imprégnées de silice, est le point de départ d'un grand nombre de rameaux chargés de feuilles ;

- la culture du bambou est facile. On le multiplie par la division des souches ou rhizomes.
- *en thérapeutique* : très riche en silice, il a une action bénéfique sur les articulations et facilite la reconstitution du cartilage détruit au cours de maladies articulaires.
- Reminéralisant, il évite la déminéralisation consécutive à la ménopause ; il est utile pour le mal de dos, l'ostéoporose.

• la banane, n.f
- genre de plantes monocotylédones, famille des Scitaminées, tribu des musées ;
- sa tige est recouverte d'une gaine de feuilles, longues, qui partent de la base, s'emboîtant les unes dans les autres ;
- ovales, avec un grand nombre de fines nervures parallèles, ses feuilles peuvent atteindre 2 à 3 m de longueur et 0,5 à 0,6 m de largeur ;
- ses fruits charnus, savoureux, réunis en grappes pendantes appelées « régimes ».
- *en thérapeutique* : la sève du bananier a des vertus astringentes.

Le baobab, n.m : son nom signifie « arbre de mille ans » ;
- famille des Malvacées, de la tribu des bombacées ;
- autour du baobab, les racines courent et les branches caressent le sol, emportées par leur poids, tombant d'un tronc dont la circonférence peut avoir jusqu'à 20 m... L'écorce de la tige des grosses branches est cendrée et celle des rameaux, verdâtre. Les fleurs ? Elles sont très grandes, belles avec leur corolle blanche et rouge, et leurs anthères rougeâtres, ressemblant vaguement à la rose trémière.
- Quant aux fruits ovoïdes, gros comme une orange, sont connus sous le nom de « pain de singe ».
- *en thérapeutique* : l'écorce et les feuilles des jeunes rameaux,

renferment du mucilage, intéressant pour la fabrication de tisanes adoucissantes.

• la bardane (de l'italien « barda »), n.f
- famille des Composées, tribu des cynaroïdées ;
- la bardane a de larges feuilles et ses capitules dont les « petits crochets » s'accrochent aux vêtements ou à la toison des animaux.
- *en thérapeutique* : la bardane a des propriétés dépuratives, aidant à éliminer les toxines au niveau du foie et des reins. Sa racine, longue et charnue, est riche en éléments antibactériens et antifongiques (utile contre champignons cutanés). Enfin elle est utilisée dans les cas de diabète, permettant de réduire une glycémie trop élevée.
- *Le traitement pour les cheveux* se fait à l'aide de 110 gr de racines sèches qui doivent macérer dans 5 litres d'eau froide, pendant une nuit ; puis vous ferez bouillir le tout pendant 5 mn avant utilisation.
- Après un shampoing neutre, vous utiliserez cette eau à la bardane : avant le dernier rinçage à l'eau claire… vous aurez alors de beaux cheveux !

• le basilic (du grec Basilikos : royal), n.m
- nom vulgaire du genre « ocinum » de la famille des Labiacées ;
- cultivé dans nos jardins, cette plante, originaire des Indes, exhale une odeur suave et pénétrante ;
- on utilise ses fleurs blanches ou rosées comme celles du thym, en cuisine : comme condiment et aromate.
- *en thérapeutique* : il aide à lutter contre la fatigue et les brûlures d'estomac ;
- préparation d'une tisane : mettez deux cuillerées à café de feuilles séchées pour une tasse d'eau et laissez infuser.

• la bassia (ou bassie), n.f
- genre de plantes de la famille des Sapotacées, originaires des

Indes ou d'Afrique tropicale ;
- (une espèce fournit une substance nommée, à cause de sa ressemblance avec du beurre : « beurre de Galam ») ;
- il s'agit d'arbres à suc laiteux, à feuilles coriaces, à fleurs jaunes ou rougeâtres.
- *en thérapeutique* : les graines contiennent une substance, qui est connue aux Indes pour traiter les rhumatismes.

• la bauhinie, n.f
- genre de Papilionacées, qui comprend de nombreuses espèces ;
- les fleurs de ces arbustes élégants sont groupées en grappes terminales ;
- les fruits sont des gousses allongées, très aplaties, à une seule loge, contenant plusieurs graines aplaties elles-aussi.
- *en thérapeutique* : croissant aux Indes et en Amérique du Sud, la bauhinie avait la réputation « d'accélérer, chez les enfants, l'usage de la parole et de faire parler les muets » ;
- la bauhinie était, de plus, préconisée comme excellent vermifuge par ailleurs, les Indiens parent leurs idoles, des fleurs de grande beauté, de couleur blanc-jaunâtre, de la bauhinie.

• la benoîte (rad. Benoît), n.f
- famille de Rosacées, tribu des fragariées ;
- plante des bois des régions tempérées, à fleurs droites et terminales, jaunes, feuilles radicales.
- *en thérapeutique* : les souches contiennent une huile essentielle aux propriétés stimulantes et toniques.

• le berbéris (ou berbéride), (du grec Berbéri), n.m
- famille des Berbéridacées, comprenant de nombreuses espèces, dont le berbéris commun, « l'épinette-vinette » ;
- il s'agit d'un arbrisseau qu'on retrouve beaucoup dans les haies... et qui possède des feuilles alternes ou fasciculées et des fleurs d'une grande beauté au printemps : en grappes jaunes.
- Il est remarquable de constater que les étamines de l'épine-

vinette présentent un phénomène d'irritabilité : si l'on touche avec une pointe, les filets stamineux, on les voit se relever avec force vers le pistil et cette action est d'autant plus vive que la température est plus élevée.
 – *en cuisine* : avec les fruits rouges, rafraîchissants, on fait des sirops, gelées, confitures, dragées...

• **la bétoine (lat. Bettonica) – mot d'origine gauloise), n.f**
 – famille des Labiacées,
 – plante des bois, à fleurs mauves, dont une espèce est la bétoine officinale.
 – *en thérapeutique :* cette plante a des propriétés purgatives.

• **la bergamote (fruit du bergamotier ; de l'italien Bergamotta, altération du turc Bergâmodi (poire du Seigneur)**
 – les bergamotiers sont des espèces d'orangers à petites fleurs blanches, aux fruits à pulpe légèrement acide dont les vésicules donnent « l'huile essentielle » qui sert à de nombreuses utilisations, en parfumerie,   en médecine, en confiserie...
 – avec les fleurs, on fabrique l'eau de fleur d'oranger, et avec la pulpe acide et aromatique de leurs fruits, on extrait l'essence de bergamote.
 – *en thérapeutique* : il existe le camphre de bergamote, antiseptique ;
 – « Raspail la préconisait comme préservatif des maladies pathogènes » ; exagérait-il ses pouvoirs ?
 – en réalité, le camphre ne tue pas les bactéries mais entrave leur développement...

• **la bistorte (lat. Bis-Torta : tordue), n.f**
 – famille des Polygonacées ;
 – plante des prés d'altitude, à fleurs roses,
 – sa racine est tordue sur elle-même deux fois.
 – *en thérapeutique* : elle est astringente.

• la bixa (ou bixe), n.f
- famille des Bisacées ;
- arbrisseau aux fleurs dont le calice a 5 grandes divisions aux nombreuses étamines, à longs filets ;
- le fruit est une capsule conique couverte des poils raides, qui fournit une matière colorante rouge utilisée en teinture et peinture ;
- Une des espèces est la « rouco ou roucouyer » qu'on trouve en Amérique.
- *en thérapeutique* : les Indiens utilisent la bixa contre la dysenterie et pour se préserver des moustiques. Les Indiens « Peaux-Rouges », lorsqu'ils partent en guerre, se tatouent à l'aide de ce colorant.

• le blé (lat. Bladum ; nom scientifique : triticum), n.m
Autrefois appelé « bled » ; le blé ordinaire : « triticum sativum »
- famille des Graminées ;
- fleurs à épi composé d'épillets ;
- le fruit est un caryopse un peu allongé, arrondi aux deux extrémités ;
- l'albumen de la plante est farineuse.
- *en thérapeutique* : la germe de blé est la partie « vivante » de la graine, d'où est extraite de l'huile ; cette huile de blé prévoit l'excès de cholestérol, l'athérosclérose, et les maladies cardiovasculaires.

• le boldo (lat. Boldoa), n.m
- famille des Nyctagynacées (Boldoa fragans) ;
- arbuste à feuilles persistantes ;
- la feuille de boldo contient une huile essentielle et des alcaloïdes dont le principal est la boldine.
- *en thérapeutique* : recommandé pour les digestions difficiles, sécheresse de la bouche, insuffisance hépatique et calculs biliaires.

• **le bouillon blanc (Verbascum thapsus), n.m**
- famille des Verbascées ;
- grande plante duveteuse aux fleurs jaunes, son odeur rappelle le miel.
- *en thérapeutique* : fait partie des 7 espèces pectorales utilisées dans le traitement des inflammations des voies respiratoires (les 6 autres étant la tussilage, la mauve, la guimauve, le coquelicot, le pied-de-chat, la violette) ;
- *ses propriétés* : anti-microbiennes, anti-inflammatoires, analgésiques. Il est intéressant pour la toux, l'inflammation de la gorge, les bronchites aiguës et chroniques.

• **le bouleau (lat. Betullum ; mot gaulois : Betulla), n.m**
- famille des Cupulifères, tribu des bétulées ;
- il s'agit d'un grand arbre ayant une belle écorce qui fournit une sève abondante et sucrée qui peut servir au massage du cuir chevelu afin de donner un éclatant aspect aux cheveux.
- L'écorce de l'arbre a une particularité : de 3 à 4 ans, elle est brune, lisse, puis devient blanche ; vers l'âge de 20 ans, elle devient noirâtre et se crevasse.
- *en thérapeutique :* il est utile pour le traitement de la goutte, des calculs urinaires, des oedèmes. C'est une plante diurétique qui soigne la rétention d'eau et aide à l'élimination d'acide urique.

• **la bourdaine (Frangula alnus), n.f**
- famille des Rhamnacées
- Après sa récolte, l'écorce de bourdaine doit être conservée au minimum un an. Au bout de ce délai, on peut utiliser l'écorce séchée qui est un laxatif stimulant. Elle ne devra **pas être utilisé chez l'enfant**, et ne devra **pas dépasser dix jours chez l'adulte.**
- *en thérapeutique* : la bourdaine traite la constipation occasionnelle.

• **la bourrache (lat. Borrago), n.f**
  - famille des Borraginacées ;
  - plante vivace dont les feuilles et la tige sont recouvertes de petits poils.
  - la bourrache officinale : ses fleurs sont bleues, rarement blanches ou roses, très larges et se succèdent pendant la plus grande partie de l'année ;
  - elle est consommée parfois comme les épinards et dans les potages. Le plus souvent, on se contente d'un emploi plus restreint : on met ses fleurs dans les salades comme celles de la capucine.
  - *en thérapeutique :* elle est utile, en infusion, car antitussive, expectorante, sudorifique, mais faiblement diurétique et dépurative.
    L'huile extraite des graines, permet de lutter contre le dessèchement cutané, freinant le vieillissement de la peau, et la formation des rides.

• **la bourse-à-pasteur (ou bourse-à-berger), (ou boursettes), n.f**
  - famille des Crucifères, genre capsella ;
  - petite plante dont le fruit sec a la forme d'un coeur ; les anciens l'ont utilisée, pendant des siècles, pour arrêter les saignements.
  - *en thérapeutique* : elle traite les problèmes rénaux et urinaires ;
  - **attention ! : la dose à ne pas dépasser, pour une infusion, est d'une cuillerée à thé, par tasse. Les plantes récoltées doivent être saines et non tachées.**

• **la bruyère (lat. Brugaria – en celte : brug (buisson), n.f**
  - nom vulgaire des plantes appartenant au genre « erica et calluna » de la famille des Ericacées, tribu des éricées. Il existe un grande nombre d'espèces ;
  - une espèce : « la bruyère cendrée » (erica cinerea) a des fleurs roses en clochettes.
  - *en thérapeutique* : la bruyère est anti-inflammatoire, diurétique et un puissant antiseptique ; elle traite les infections urinaires

335

(cystites, colibacilloses) et l'inflammation de la prostate.

- **la busserolle ou bousserolle (Arctostaphylos uva-ursi) – (du rad. Buis), n.f**
    - de la famille des Bixacées ;
    - arbuste des terrains rocailleux des régions montagneuses.
    - *en thérapeutique* : les feuilles possèdent des propriétés antiseptiques, anti-inflammatoires. Diurétique, on utilise la busserolle dans le traitement des infections urinaires. Elle favorise l'élimination rénale de l'urée ; elle est recommandée pour les cystites, colibacilloses, les inflammations du système urinaire et des intestins.

- **le café vert (Cofféa arabica) – le caféier, n.m**
    - famille des Rubiacées ;
    - arbuste d'une hauteur de 2 à 12 m selon les variétés, à fleurs blanches : la moyenne est de 7 m environ ;
    - son fruit appelé « cerise » est une sorte de drupe à deux noyaux, qui enveloppent chacun une graine de même forme, le « grain de café ou fève » ;
    - la partie utilisée est la graine ;
    - à l'origine, le grain de café est vert, seul à contenir deux substances essentielles : le cafestol et le kahweol, détruites par la torréfaction.
    - *en thérapeutique* : il est intéressant pour l'organisme où il lutte contre la pollution atmosphérique, tabagique ou la fatigue...

- **la callitriche (de calli et du grec : Thrix, trichos : cheveux), (le nom pour la « beauté des cheveux), n.f**
    - famille des Euphorbiacées, série des callitrichées
    - cette plante pousse dans les eaux douces des régions tempérées ou chaudes ;
    - *leurs propriétés* : ces plantes donnent des sécrétions mucilagineuses ou émollientes qui servent à entretenir la beauté des cheveux et assouplir la chevelure.

• **la camomille (lat. Camomilla : nom vulgaire de la Matricaria chamomilla) (voir aussi le chapitre « insecticides à base de plantes »).**

- *la camomille romaine, odorante (Anthemis nobilis),* si vous avez les paupières gonflées et pour calmer les douleurs ou rougeurs : laissez infuser pendant une minute dans un bol de lait bouillant, 1 cuillerée à soupe de plantes fraîches ou séchées ;

- *la petite camomille,*
on peut l'utiliser pour faire blondir les cheveux ;

- *la grande camomille,*
- les capitules radiés simulent des fleurs simples qui, ensuite, se doublent, par la culture, par la transformation des « fleurons » centraux en demi-fleurons.
- *en thérapeutique* : ses capitules ont des propriétés toniques, stimulantes, fébrifuges, antispasmodiques.
- On récolte les fleurs pendant l'été : ouvertes aux trois-quarts plutôt que totalement ;
- *en infusion* : il faut mettre 10 – 12 têtes par litre d'eau ;
- parfaitement tolérée par l'organisme, elle est utile dans le soulagement des maux de tête, des règles douloureuses car a une activité antispasmodique sur les vaisseaux sanguins.

Il existe la camomille tinctoriale (Anthémis tinctoria) ; elle renferme un principe colorant jaune, brillant, peu solide.

• **la cannelle (nom de l'écorce du cannelier), n.f**
- parmi de nombreuses espèces, seule la cannelle de Ceylan, à l'odeur agréable, est utilisée.
- *en thérapeutique* : la cannelle du Ceylan a des propriétés toniques et stimulantes pour les voies digestives, et aide à lutter contre l'inertie utérine ;

- *en infusion* : il faut 4 à 8 gr par litre d'eau ;
- on emploie aussi de l'eau distillée de cannelle (20 à 50 gr) – dans le commerce, on trouve de l'essence de cannelle.

• **le câprier (lat. Capparis), n.m**
- famille des Capparidacées, comprenant de nombreuses espèces ;
- il s'agit d'arbrisseaux grimpants, épineux, des pays chauds.
- *en thérapeutique* : les câpres, fruits du câprier, ont des propriétés digestives.

• **la capucine (voir aussi le chapitre « insecticides »), n.f**
- famille des Géraniacées, tribu des tropéolées (tropaeolum),
- plante annuelle cultivée dans les jardins. Ses tiges qui s'élèvent à plusieurs mètres, portent de larges feuilles et des fleurs d'une forme et d'une couleur caractéristique.
  Toutes les parties de cette plante possèdent une saveur analogue à celle du cresson alénois ; les fleurs servent à garnir la salade. En « guise de câpres », ses jeunes boutons et ses fruits verts, sont confits au vinaigre.
- *en thérapeutique* : elle est considérée comme antiseptique. Contre les cauchemars, Culpeper, botaniste anglais du 17ème siècle, prônait la capucine.

• **la carotte, n.f**
- famille des Ombellifères, tribu des caucalinées ;
- la racine seule est comestible.
- *en thérapeutique* : la carotte est une source naturelle de bétacarotène (transformée par l'organisme en vitamine A). Elle augmente l'acuité visuelle et aide l'épiderme à résister contre l'agression du soleil.
  Elle est émolliente, résolutive, diurétique, vermifuge et antiseptique. Elle est employée avec succès, dans les extinctions de voix, la toux, l'asthme.
- Les *infusions* de graines de carottes excitent l'appétit et stimulent les   fonctions gustatives.

• **le carvi (grec : Karon, carsum) (arabe : Kariwijà), n.m**
  - famille des Ombellifères, du genre carum,
  - le carvi est une plante aromatique, utilisée comme l'anis,
  - autrefois, le carvi servait à parfumer les fromage,
  - *en thérapeutique* : ses fruits sont excitants, carminatifs ; l'extrait est une huile volatile qu'on administre contre les coliques.

• **la casse (grec : Kassia), n.m**
  - famille des Légumineuses, tribu de césalpinées appelées aussi cassier ou canéficées.
  - Les casses d'Italie apparaissent sous le nom de séné.
  - *en thérapeutique* : les casses servent pour les tisanes laxatives (laxatif doux) ;
  - pour extraire la casse des gousses : on les brise et on racle leur intérieur : on fait passer la casse ôtée à travers un tamis pour en retirer les graines ; elle sert alors pour la tisane.

• **le cassis (lat. Cassia), n.m**
  - le fruit du cassis est une baie globuleuse, de couleur noir-foncé et terne ;
  - *en thérapeutique :* le cassis est anti-inflammatoire, recommandé pour les rhumatismes et l'arthrose notamment du genou.
  - Du fait de ses propriétés, il est diurétique : les feuilles du cassis sont conseillées pour le traitement de fond de la goutte.

• **le cèdre (lat. Cédrus), n.m**
  - famille des Conifères, tribu des abrétinées-sapinées, qui renferme des arbres de l'Himalaya, du Liban et des Monts-Atlas,
  - son tronc est droit, couvert d'une écorce rugueuse ;
  - ses branches s'étalent largement, horizontalement ;
  - ses fleurs sont monoïques, apparaissant au printemps ou à l'automne selon le climat ;
  - ses fruits sont des cônes cylindriques abritant des graines.

339

Un des plus gros cèdres est sans doute, le cèdre de Liban, ramené par Bernard de Jussieu en 1734, qu'il planta au Jardin des Plantes, à Paris.

- *en thérapeutique* : il aide à l'effacement des taches de vieillesse. Vous prendrez de la teinture de cèdre que vous appliquerez trois fois par jour.

• **la centaurée (san-tô – du nom du centaure Chiron, à qui l'on attribuait la découverte des simples) ; (centaurea), n.f**
  - famille des Composées, tribu des cyranoïdes, aux nombreuses espèces (bleuet) ;
  - la centaurée officinale, qui croît dans les Alpes, est d'une hauteur de 0,5 à 1 m ;
  - sa racine a une saveur amère et un peu âcre et aromatique.
  - *en thérapeutique* : elle est réputée comme apéritive, stomatite (inflammation de la muqueuse buccale), sudorifique, tonique...

• **le cerfeuil, n.m**
  - famille des Ombellifères ;
  - sous ce nom, on connaît plusieurs plantes de cette famille, qui se ressemblent par leurs feuilles très découpées et leur saveur particulière ;
  - le cerfeuil est utilisé en condiment, pour les sauces et les salades.
  - *en thérapeutique* : plante réputée apéritive, diurétique, rafraîchissante, antiscorbutique ;
  - elle est intéressante pour les maladies de peau et parfaite pour prévenir les rides ;
  - *en infusion* : 1 poignée de plantes pour un litre d'eau, pour les soins du visage.

• **la cerise, le cerisier**
  - famille des Rosacées, tribu des amydalées ;
  - le fruit, la cerise, est une drupe, à chair douce, comestible.
  - *en thérapeutique* : la queue de la cerise est connue depuis des siècles - elle a des propriétés dépuratives et diurétiques : utiles

dans le traitement des inflammations des voies urinaires ; elle traite les oedèmes, calculs urinaires, cystite et hypertension légère.

• **le chardon-marie (lat. pop. Carduo), n.m**
- « la plupart des chardons sont très nuisibles aux cultures ; ils devront être coupés avant la floraison car leurs fruits légers sont disséminés par le vent ».
- famille des Composées, du gendre carduus, cirsium, cnisus, silybum carlina... qui ont tous une tige épineuse.
- (le chardon-marie est du genre silybum marianum !).
- *en thérapeutique* : le chardon-marie est bénéfique pour le foie : il guérit rapidement les hépatites et cirrhoses, favorisant la reconstruction hépatique, ou calculs biliaires ;   il est hémostatique : conseillé dans les saignements de nez fréquents ou règles trop abondantes.

• **le châtaignier, n.m**
- famille des Castaneacées ;
- il s'agit d'un arbre, dont on connaît de nombreuses espèces, à croissance lente les premières années ;
- il peut vivre plusieurs siècles et mesurer jusqu'à 25 m de hauteur ;
- il peut même arriver à vivre dans des régions qui sont enneigées pendant 6 mois et chaudes en été !
- Ses feuilles sont dentées et une cupule épineuse recouvre ses fruits.
- *en thérapeutique* : le miel de châtaignier facilite la circulation sanguine ; par ailleurs, le fruit est utile dans le traitement des diarrhées.

On connaît un des plus célèbres châtaigniers : le « châtaignier de l'Etna », près de la ville d'Acireale, encore appelé « châtaignier aux Cent chevaux », vieux de 4000 ans et possédant une circonférence de 50 m... : « A l'intérieur du tronc creux était, dit-on, une maison : habitation d'un berger qui y vivait avec son troupeau ! ».

341

• **le chélidoine (lat. Chelidonia), (grec Khelidön : hirondelle, car cette plante fleurit à leur venue), n.f**
  - appelée encore : « chélidonium – Eclaire – Grande Eclaire – Grande Chélidoine »
  - famille des Papavéracées ;
  - plante herbacée poussant près des murs de jardin, dans les régions tempérées ; ses feuilles sont dentées et ses fleurs jaunes.
  - Dès le Moyen-Age, elle est très employée pour les maladies de foie.
  - *en thérapeutique* : cette plante a des propriétés antispasmodiques et sédatives ;
  - utile en cas de douleurs intestinales et vésiculaires, elle stimule les sécrétions de la bile ;
  - elle soigne les maladies de la vésicule biliaire (calcules biliaires, inflammations...) ; de plus, elle est capable de détruire les micro-organismes infectieux (bactéries, virus...) des voies digestives supérieures.

• **le chêne (lat. Quercus) (gaulois : cassanus), n.m**
  - genre des dicotylédones apétales, de la famille des Cupulifères ;
  - cet arbre peut avoir jusqu'à 30 m de hauteur et 7 m environ de diamètre ;
  - on en connaît plus de 300 espèces dont : le chêne chevelu (quercus cerris), le chêne vert, le chêne tinctorial (quercus tinctoria), fournissant une matière colorante jaune, le chêne-liège (quercus suber) aux feuilles persistantes, épaisses dont on détache du tronc le liège en plaque, tous les 10 ans ; le fruit du chêne est le gland, dont la graine possède une fécule abondante...
  - *en thérapeutique* : il soigne les problèmes de peau, de transpiration et les hémorroïdes.

• **le chèvrefeuille (lat. Caprifolium), n.m**
- famille des Caprifoliacées,
- genre d'arbrisseau grimpant, aux fleurs odorantes, au bois blanc, très dur, poussant dans les lieux montagneux et couverts.
- *en thérapeutique* : ses baies rouges, remplies d'un suc amer, sont considérées comme purgatives.

• **le chiendent (Triticum repens), n.m (voir le chapître sur les insecticides à base de plantes)**
- genre des graminées ;
- il y a de nombreuses espèces de chiendent. Herbes vivaces, envahissantes dont la partie utilisée est le rhizome.
- *en thérapeutique* : il a des propriétés diurétiques, anti-inflammatoires ;
- il favorise l'élimination rénale, d'où son intérêt dans les inflammations urinaires (cystites, coliques néphrétiques, infections des voies urinaires) ; ainsi que dans les problèmes de rétention d'eau en décoction ou en infusion : le rhizome, permet de lutter contre la goutte et les rhumatismes.

• **le chrysanthellum (Chrysanthellum americarum), appelé aussi « chrisanthelle », n.m**
- famille de Composées-hélianthoïdées.
- *en thérapeutique* : il a une action bénéfique sur le système circulatoire et veineux des membres inférieurs et la microcirculation des extrémités, au niveau des pieds et des mains ; il est intéressant pour le traitement de la maladie de Raynaud ;
- enfin, il est utilisé pour préserver le foie des excès alimentaires, intoxications et alcoolisme ainsi que pour les séquelles d'hépatite virale et cirrhoses ;
- il protège également le pancréas et favorise la sécrétion biliaire et la digestion.

• **la ciboule et ciboulette (Caepulla), n.f**
  – espèce du genre ail « allium » ; elle est employée dans les préparations culinaires : les bulbes et les fleurs servent à accommoder les plats et à assaisonner les salades ;
  – plante vivace bisannuelle, de plusieurs variétés ;
  – ses feuilles, nombreuses, longues de 20 à 30 cm se terminent par une ombelle de fleurs ;
  – les plantations se font en février et en mars ;
  – pour avoir de la ciboule pendant tout l'hiver, on arrache en novembre, la ciboule commune semée en février ou mars. On le replante dans une petite tranchée de 2 cm environ de profondeur et on la recouvre de la terre sèche au temps des gelées.
  – *en thérapeutique* : elle a des propriétés apéritives.

• **la cimifuga (Actea racemosa)**
  – plante originaire d'Amérique,
  – forestière, connue et utilisée depuis toujours par les Indiens du Canada, du Missouri et du Wisconsin.
  – *en thérapeutique :* elle a des propriétés oestrogéniques ;
    elle est recommandée pour traiter les règles douloureuses, douleurs d'accouchement ou les problèmes de ménopause. La partie utilisée est le rhizome.

• **le citron, n.m**
  – fruit de l'arbre, le citronnier, de la famille des Rutacées, de couleur jaune ;
  – ses feuilles persistantes sont de couleur vert-jaunâtre,
  – ses fleurs roses violacées et ses fruits se terminent en pointe.
  – *en thérapeutique* : ce fruit très riche en vitamines C, est de plus excellent comme base de boisson en cas de problèmes digestifs. Une liqueur nommée aussi « Eau des Barbades » est une infusion de zestes de citron dans de l'eau-de-vie.

• **le cocculus, n.m**
- famille des Ménispermacées ;
- arbrisseau des régions chaudes, comprenant de nombreuses espèces ;
- sa tige renferme un suc brunâtre très astringent.
- *en thérapeutique* : ses propriétés lui permettent de traiter les problèmes de foie, les blennoragies... les créoles l'utilisent en tisane, comme diurétique.

• **la consoude (lat. Consolidare), n.f**
- famille des Borraginées, type des anchusées ;
- plante des endroits humides, pouvant atteindre 0,8 m de hauteur, dont les fleurs et les racines sont intéressantes en médecine.
- *en thérapeutique* : la grande consoude, ou consoude officinale (Symphytum officinale) est particulièrement intéressante pour traiter les rhumatismes et les articulations douloureuses ;
- préparation pour « apaiser les douleurs rhumatismales » : prenez un *bon bain chaud* dans lequel vous aurez jeté 2 à 3 poignées de feuilles et fleurs de consoude ;
- préparation pour « apaiser les douleurs articulaires » : préparez *un cataplasme chaud* :
- mélangez une cuillerée à soupe de consoude en poudre ou de racine râpée avec quelques gouttes d'huile, dans la valeur d'une demi-tasse d'eau, puis placez la préparation dans un linge et enveloppez l'articulation.

• **le coquelicot (Papaver rhoeas) (rouge comme la crête du coq), n.m**
- famille des Papavéracées, du genre pavot ;
- plante herbacée à longue tige et à grosses fleurs rouges vif, qu'on trouve souvent dans les champs de céréales ;
- *en thérapeutique* : ses pétales ont des propriétés sédatives, qui calme la nervosité. C'est également un calmant efficace de la toux et des irritations de la gorge et utile aussi pour les insomnie

des personnes âgées et des enfants car il ne crée aucune accoutumance ;
- *en infusion* : mettez 2 cuillerées à café de pétales dans une tasse d'eau.

• le concombre (lat.cucumis), n.m
- famille des Cucurbitacées, tribu des cucumérinées ;
- plante annuelle à tiges couchées, munies de vrilles, aux fleurs jaunes ;
- le fruit volumineux, charnu, à l'écorce épaisse, renferme des graines ;
- le concombre est comestible.
- *en thérapeutique* : les graines de concombre sont toniques ;
- avec la chair du fruit, on fait des masques de beauté, pour traiter le visage.

• la coriandre (lat. Coriandrum sativum), n.f
- famille des Ombellifères, tribu des carvis,
- plante annuelle à fleurs de couleur blanc-rosé, groupées en ombelles terminales ;
- ses fruits ou graines, portant le même nom « coriandre », sont utilisés en cuisine pour leur parfum aromatique et agréable.
- en confiserie, on en fabrique de petites dragées, semblables à l'anis sucrée ;
- *en thérapeutique* : la plante est réputée carminative, stomachique, stimulante ;
- elle entre dans la composition de l'eau de mélisse (en adjonction, dans certaines médications, pour masquer le goût désagréable).

• la courge (lat. Cucurbita pépo), n.f
- famille des Curcurbitacées ;
- il s'agit d'un fruit, de la plante du même nom ;
- on connaît plusieurs espèces de cette même famille, dont : la citrouille, le potiron, le pâtisson, la coloquinte, la calebasse...

dont certaines sont comestibles.
- *en thérapeutique* : l'huile de courge est extraite des graines de la plante. Elle a des propriétés décongestionnantes qui donnent d'excellents résultats chez les patients atteints de troubles de la prostate ou d'inflammations urinaires.

• le cresson (ancien allemant Chresso), n.m
- famille des Crucifères ;
- plante herbacée vivace, poussant dans les lieux humides des régions tempérées.
- *en thérapeutique* : le cresson officinal ou cresson des fontaines ;
- le suc de cresson, mélangé à du miel, appliqué sur le visage matin et soir, éclaircit les tâches de rousseur ;
- la dose sera de 7 gr de suc de cresson pour 25 gr de miel.

• le cumin (Cuminum cyminum) – (nom vulgaire du Carvi), n.m
- famille des Ombellifères ;
- plante herbacée, haute de 50 cm environ, à feuilles découpées en lanières étroites ;
- il s'agit d'une plante aromatique et médicinale ;
- les graines sont cueillies en fin de l'été.
- *en thérapeutique* : le cumin est utile pour traiter le problème de ballonnements, gaz intestinaux, flatulences ;
- l'effet bénéfique est amplifié s'il est associé au fenouil ;
- par ailleurs, il protège la muqueuse gastrique par son action anti-infectieuse.

• le curcuma (Curcuma longa) (mot espagnol tiré de l'arabe Kurkuma), n.m
- famille des Zingibéracées ;
- la partie utilisée est le rhizome ;
- plante vivace, à fleurs jaunâtres, groupées en grappes, spiciformes, des régions chaudes.
- *en thérapeutique* : la plante a des propriétés anti-inflammatoires et anti-oxydantes ;

- grâce à ces vertus, le curcuma est capable de neutraliser les substances cancérigènes apportées notamment par l'alimentation ou le tabac ;
- il est le remède traditionnel contre la « crise de foie » ;
- il est utile dans le traitement des troubles digestifs et dans la rééducation du transit intestinal.

• **le cyprès (lat. Cupressus sempervirens), n.m**
- famille des conifères ;
- grand arbre pouvant atteindre parfois 40 m de hauteur, à feuillage persistant, utilisé pour les haies ;
- ses rameaux caducs portent des petites feuilles d'un beau vert.
- *en thérapeutique* : anti-inflammatoire, il est indiqué dans le traitement des crises hémorroïdaires et des varices ou jambes lourdes.

• **l'échalote (lat. Ascalonia), n.f**
- l'ail ou oignon d'Escalon, d'où le nom d'échalote : Escalo est une ville de Vénitie ;
- l'échalote (dont l'échalote grise) a été ramenée de l'Orient au Moyen-Age ;
- plante potagère, voisine de l'oignon, possédant les mêmes propriétés ;
- *en thérapeutique* : les anciens utilisaient l'échalote comme vermifuge.

• **l'échinacée (Echinacea purpurea), n.f**
- famille des Composées hélianthées ;
- la partie utilisée est la racine ;
- *en thérapeutique* : plante antivirale, antibactérienne et immuno-stimulante ;
- en cas d'affaiblissement de l'organisme, elle stimule le système immunitaire ;
- plante préventive des affections des voies respiratoires d'origine virale.

– Les Indiens l'utilisaient en décoction, sur les morsures de serpent ou plaies.

• **l'églantier (lat. pop. Aquilentum, et de : acus (aiguille), n.m**
 – espèce commune du rosier sauvage ;
 – arbuste couvert d'aiguillons larges et recourbés ;
 – à fleurs blanches lavées de rose, odorantes.
 – *en thérapeutique* : les fruits, appelés cynorrhodons, ont des propriétés thérapeutiques ;
 – ils sont considérés comme « antifatigues » grâce à leur richesse en vitamine C ;
 – de plus, on en fait des confitures délicieuses et fortifiantes ;
 – les enfants les connaissent bien pour « le poil à gratter », le fruit de l'églantier.

• **l'épilobe à feuilles étroites (gr. Épi – et lobos), n.m**
 – famille des Onograriées ou oenotheracées ;
 – plante vivace dont les fleurs purpurines ou rosées sont groupées en épis terminaux ou axiliaires ;
 – les fruits s'ouvrent en 4 valves et mettent en liberté des graines pourvues d'une aigrette.
 – *en thérapeutique* : les feuilles utilisées en tisane, sont indiquées pour traiter les maux de tête, migraines, troubles du sommeil ; en décoction, les feuilles sont intéressantes pour cicatriser les petites plaies.

• **l'épimède, n.f**
 – famille des Berberidées,
 – les épimèdes, herbes vivaces à rhizomes rampants, des régions montagneuses ;
 – le nom de « chapeau d'Evêque » est donné à l'épimède des Alpes à cause de la forme de ses fruits ;
 – ses petites fleurs sont rouges et jaunes.
 – *en thérapeutique* : elle possède des propriétés sudorifiques ;
 – autrefois, elle était employée pour traiter les affections

pulmonaires.

- **l'érable (lat. pop. Acerarbor) n.m**
  - famille des Sapindacées acérés,
  - il s'agit d'un arbre robuste, à croissance rapide,
  - la feuille est l'emblème du Canada ;
  - le pollen des fleurs est l'une des bases du miel des abeilles ;
  - les fruits contiennent un suc aqueux et sucré, quelquefois laiteux.
  - *en thérapeutique* : cette plante est utilisée pour le traitement de la constipation en particulier.

- **l'érysimon ou l'érysimum (n.m)**
  - famille des Crucifères, tribu des sisymbriées,
  - plante gazonnante cultivée dans les jardins.
  - *en thérapeutique* : l'érysimum officinale, appelée encore « tortelle ou herbe aux chantres » a des propriétés pectorales et antiscorbutiques.

- **l'escholtzia (Eschscholtzia californica),**
  - famille des Papavéracées,
  - herbes glabres, de 4 ou 5 espèces, aux fleurs jaunes d'or.
  - *en thérapeutique* : plante utilisée pour se substituer aux hypnotiques, sans effets d'accoutumance, dans les endormissements difficiles des adultes et enfants ;
  - elle est utile également, pour le traitement de l'anxiété, des cauchemars ;
  - elle a de plus, des vertus antispasmodiques.

- **l'estragon (Artémisia dracunculus), (anciennement « targon » ; (en arabe : tarkhoun) ; (en latin : dracuncunus » ;**
  - famille des Composées-artémisées ;
  - on l'appelle vulgairement « dragone, herbe dragon, serpentine ou fargon » ;
  - elle a une valeur aromatique fraîche et piquante, qui sert

souvent à aromatiser la salade ou à parfumer la vinaigrette ou la moutarde.
–   *en thérapeutique* : elle est appréciée comme stimulant, apéritif, stomachique et antiscorbutique.

• **l'eucalyptus (gr. Eu (bien) – kaluptos (couvert) – à cause de ses corolles enveloppantes... ou encore « gommier » ; n.m**
–   arbre de la famille des Myrtacées, dont les feuilles adultes sont alternes,coriaces, persistantes,
–   et les fleurs solitaires ou réunies, à l'aisselle des feuilles.
–   *en thérapeutique* : ses feuilles très odorantes, sont riches en huile essentielle : qui est mucolytique et fluidifie les secrétions pulmonaires, facilitant leur évacuation ;
–   l'eucalyptus a de plus, des propriétés antitussives, et s'administre dans le traitement des bronchites aiguës et chroniques, les toux, les rhumes.

• **l'eupatoire, n.f**
–   la seule espèce en Europe : l'Eupatorium cannabinum (du nom de Mithridate Eupator, qui fit reconnaître la plante en médecine),
–   famille des Composées,
–   plante à feuilles opposées, à fleurs roses ;
–   *en thérapeutique* : l'eupatoire a une action immunitaire et anti-infectieuse renforçant les défenses de l'organisme ;
–   elle permet de traiter et de prévenir les infections à répétition, les grippes mais aussi les pharyngites et les bronchites.

• **l'exostème, n.m**
–   famille des Rubiacées, tribu des cinchonées ;
–   arbre ou arbrisseau des régions tropicales, à feuilles opposées, lancéolées, à fleurs blanches ou roses ;
–   le fruit, une capsule ovoïde, a deux loges renfermant plusieurs graines planes ;
–   parmi les diverses espèces, il y a l'exostème appelé « faux

quinquina » s'élevant jusqu'à 10 m au-dessus du sol ;
- et l'exostème nommé « quinquina piton ou de Sainte-Lucie », des Antilles.
- *en thérapeutique* : l'écorce de ces arbres est fébrifuge, purgative, mais ne renferme pas de quinine.

• **le fenouil (Fieniculum), n.m**
- famille des Ombellifères,
- plante vivace, à feuilles décomposées en divisions presque linéaires, à fleurs jaunes, à fruits ornés de côtes épaisses ;
- la partie utilisée est le fruit.
- Le fenouil est une plante aromatique.
- *en thérapeutique* : le fenouil officinale a de grandes vertus médicinales, diurétiques,
- stomachiques, aromatiques... particulièrement indiqué pour le traitement des colites, gastrites, ballonnements, aérophagies ou nausées ; chez la femme allaitante, il stimule la production de lait.

• **le figuier (lat. Ficus Carica : la figue ordinaire), n.m**
- famille des Urticacées, tribu des artocarpées,
- arbre ou arbrisseau produisant des fruits charnus, les figues.
- *en thérapeutique* : le suc blanc contenu dans le fruit est efficace dans le traitement des cors et des verrues plantaires, appliqué 2 à 3 fois par jour.

• **le fragon (lat. Ruscus), n.m**
- famille des Liliacées,
- plante voisine des asperges, dont les petites fleurs à périanthe verdâtre ou blanchâtre deviennent des baies globulaires et monospermes ;
- une des espèces est le fragon épineux (ou petit houx), « ruscus aculeatus » des bois calcaires de France.
- *en thérapeutique* : il a des propriétés anti-inflammatoires, antioedémateuses ;

– il est intéressant pour le traitement des jambes lourdes et des hémorroïdes.

• le framboisier, n.m
- genre des ronces (Rubus) ;
- la souche souterraine de la plante, vivace, produit des tiges aériennes possédant des aiguillons, aux feuilles alternes, aux fleurs blanches réunies en grappes ;
- les fruits produits sont les framboises.
- *en thérapeutique* : les fruits ont des propriétés rafraîchissantes, les feuilles sont astringentes.

• le frêne (lat. Fraxinus), n.m
- famille des Oléacées ; - arbre d'une hauteur de 35 à 40 m, des régions tempérées, à feuilles opposées, à bourgeons noirs, à fleurs polygames, de coloris vert-jaunâtre ou blanc, selon les espèces.
- *en thérapeutique* : il a des propriétés anti-inflammatoires et diurétiques ;
- il est intéressant dans le traitement des rhumatismes, de l'arthrose, de la goutte ainsi que pour les problèmes de rétention d'eau et d'oedèmes.

• le fucus (du gr. Phukos), n.m
- algue brune du genre Varech,
- *en thérapeutique* : riche en oligo-éléments : cuivre, chrome, zinc, sélénium, fer, manganèse, iode), et en vitamines (C – B1 – B2 – B6– B12), il est intéressant pour les personnes qui veulent perdre du poids.

• la fumeterre (lat. Fumus terrae)
- famille des Fumariacées,
- plantes à feuilles très découpées, à petites fleurs irrégulières d'un blanc rougeâtre ;
- froissées, elles dégagent une odeur comparable à celle de la suie

et de la fumée.
- *en thérapeutique* : associée à des feuilles de noyer, l'application d'une décoction de fumeterre vient à bout des hémorroïdes.

• le garcinia, n.m
- famille des Clusiacées ;
- arbuste originaire du Cambodge, mais qu'on retrouve aussi à la Réunion ou à l'Ile Maurice ;
- arbuste à feuilles opposées, simples, à fruits charnus.
- *en thérapeutique :* le garcinia fournit un latex jaune : c'est la gomme-gutte, particulièrement intéressante pour les traitements de l'obésité, de la cellulite ou de la fringale sucrée.

• le genévrier (rad. Genièvre), n.m
- famille des Conifères, tribu des cupressinées, genre des juniperus ;
- le fruit du genèvrier est bleu, noirâtre, à saveur sucrée et aromatique (la baie de genièvre).
- *en thérapeutique :* il aurait des vertus diurétiques et stimulantes.

• la gentiane (lat. Gentiana), n.f
- famille des Gentianacées,
- plante à feuilles opposées et sans stipules, des régions tempérées et montagneuses ;
- parmi les nombreuses espèces, il y a la « grande gentiane » (gentiana lutea), aux fleurs jaunes.
- **on utilise l'extrait de sa racine, qui contient 12 à 15% de sucre de gentiane, pour faire un alcool de gentiane ;**
propriétés de cette plante : apéritives et toniques.

• le géranium (de la Réunion, et qui n'a pratiquement pas de fleurs) ;
- famille des Géraniacées ;
- plante à fleurs violacées et au rhizome épais ;
- dans le langage populaire : on désigne souvent sous le nom de

géranium, les espèces du genre « pélargonium ».
– *en thérapeutique* : son huile essentielle est un excellent antiseptique intestinal et vermifuge.

• **le gingembre (Zingiber officinale), n.m**
  – famille des Zingiberacées,
  – plante à fleurs alternes et aux fleurs réunies en un épi serré, vivement colorées, au sommet d'une tige sans feuille ;
  – c'est une plante vivace, odorante, dont on n'utilise que le rhizome.
  – *en thérapeutique* : il a des vertus stimulantes et revitalisantes ; utilisé dans les problèmes de fatigue sexuelle, asthénie, mal des transport.

... **le ginkgo ou ginko (ginkgo biloba), (vient du japonais « jink »), n.m**
  – famille des Conifères, tribu des taxinées,
  – bel arbre de l'Asie, à feuilles persistantes, dont le limbe est séparé en deux lobes par une échancrure médiane. C'est le dernier d'une espèce d'arbres, vieux de plus de 200 millions d'années (appelé aussi « arbre aux quarante écus ».
  – *en thérapeutique* : il a de nombreuses vertus médicinales ;
  – il est notamment efficace pour le traitement des problèmes de circulation, permettant la dilatation des artères, des veines et capillaires ;
  – il est utilisé pour traiter les troubles relatifs à la mémoire et, altérations cérébrales dues au vieillissement ;
  – par ailleurs, il est antioxydant.

• **le ginseng (Panax ginseng), n.m**
  – plante d'origine chinoise, jadis réservée aux hauts dignitaires chinois.
  – *en thérapeutique* : il est intéressant dans les cas de fatigue, surmenage ou convalescence ; c'est un stimulant physique et intellectuel.

355

• le gui (lat. Viscum), n.m
- genre de parasite de la famille des Loranthacées ;
- les fleurs sont groupées en petites têtes et les fruits sont des baies globuleuses et blanches qui contiennent un suc visqueux.
- *en thérapeutique* : autrefois, une décoction de gui était employée contre l'asthme et la coqueluche.
- Les druides cueillaient le gui, le premier jour lunaire : car les Celtes pratiquaient le culte des arbres et des plantes ; et la fête en son honneur était suivie de sacrifices.
  En effet, on attribuait au gui des vertus extraordinaires : certainement du fait de la verdeur perpétuelle de la plante.

• la gunnère (lat. Gunnera), n.f
- genre d'urticées, tribu des gunnerées ;
- il s'agit d'une plante herbacée, à feuilles radicales hérissées, à poils ;
- ses fleurs sont couleur jaune-verdâtre, disposées en grappes.
- *en thérapeutique* : la « Gunnera chilensis » a des propriétés antidiarrhéïques.

• l'hamamélis (Hamamélis virginica) nommé aussi « noisetier des sorcières » ;
- genre d' hamamélidées ;
- arbrisseau aux feuilles semblables à celles du noisetier, de couleur rougeâtre à l'état sec ;
- on emploie les feuilles et l'écorce en médecine.
- *en thérapeutique* : les feuilles d'hamamélis ont de nombreuses vertus médicinales, et permettent d'améliorer les problèmes de jambes lourdes, varices, hémorroïdes, couperose et les troubles circulatoires de la ménopause ;
- les scientifiques japonais ont fait figurer l'hamamélis parmi les deux meilleures plantes antioxydantes.

• le haricot, n.m
- famille des Légumineuses papilionacées ;

- plante ordinairement volubile, à fleurs blanches, groupées en grappes axillaires, dont les styles sont courbés en spirales (le haricot d'Espagne porte de nombreuses fleurs rouges).
- *en thérapeutique* : la partie utilisée est la cosse du haricot ;
- les cosses du haricot sec que vous ferez sécher et bouillir, vous fourniront une eau très diurétique qui aide à la perte de poids ;
- les cosses de haricots sont aussi intéressantes chez les personnes souffrant d'un diabète léger ;
- par ailleurs, en cas d'anémie due à une carence en fer, vous pourrez privilégier (sauf en cas de digestion difficile, des légumineuses) : une diète à base d'haricots, lentilles, choux, épinards, amandes, orge, châtaignes et jaunes d'oeufs, est particulièrement bénéfique...

• l' harpagophytum (Harpagophytum procumbens),
- il s'agit d'une plante sauvage issue du désert de Kalahari et du sud de l'Afrique ;
- plante appelée « griffe du diable » du fait que ses fruits sont hérissés

  de griffes (crochets recourbés).
- *en thérapeutique* : plante dont les racines possèdent des propriétés

  anti-inflammatoires et anti-douleurs ;
- elles favorisent de plus l'élimination de l'acide urique, utile pour le traitement de la goutte ;
- l' harpagophytum aide à traiter les rhumatismes, arthroses, arthrite ou tendinites : agissant sur la douleur et l'inflammation.

• l' herniaire, n.f
- famille des Paronychiées,
- petites herbes étalées, rameuses, à feuilles opposées, à fleurs en cymes axillaires des régions sableuses.
- *en thérapeutique* : autrefois, utilisée pour traiter les hernies.

• le hêtre (Fagus), n.m

- genre d'arbre de la famille des Cupulifères, tribu des quercinées.
- *en thérapeutique* : cette plante est intéressante pour le traitement des diarrhées et de plus, efficace, en cas de fièvre.

• le houblon (Humulus lupulus), n.m
- famille des Urticacées,
- plante grimpante à feuilles opposées, produisant des cônes ayant des propriétés sédatives.
- *en thérapeutique* : du fait de ses propriétés, le houblon est utile dans le traitement du sommeil, des états anxieux et nerveux ; de plus, on emploie les cônes à raison de 10 gr par litre d'eau bouillante, comme dépuratif.

• l'hysope ou hyssope (Hyssopus), n.m
- famille des Labiées, comprenant un grand nombre d'espèces en Europe et Asie ;
- petit arbrisseau poussant souvent sur les rochers arides.
- *en thérapeutique* : l'hysope « l'Hyssopus officinalis », est employé comme aromatique, stimulant, antitussif, antispasmodique, fébrifuge, sédatif, tonique cardiaque, vermifuge ;
- par ailleurs, l'hysope est utilisé en parfumerie, dans l'eau de Cologne orientale.

• la joubarbe (Jovis barba), barbe de Jupiter), n.f
- famille des Crassulacées : une des espèces la plus connue est la « joubarbe des toits » (Sursa tectorum) ;
- il s'agit d'une plante grasse, à feuilles charnues, groupées en rosettes. Les fleurs de diverses couleurs sont rassemblées en cymes paniculées.
- *en thérapeutique* : la joubarbe, placée en cataplasme, vient à bout des problèmes de peau. On utilise pour cela, les feuilles fraîches de joubarbe ; de plus, les feuilles fraîches ou le suc, sont intéressants contre les piqûres d'abeilles, les cors aux pieds.

• **la laitue, n.f**
- famille des Composées, tribu des liguliflores, 309
- plante à feuilles radicales parfois dentées.
- *en thérapeutique* : excellent légume, à consommer cru ou cuit ;– lorsqu'on laisse la laitue monter en tiges, on y trouve un suc employé en pharmacie, le lactucarium.
- Avec des feuilles de laitue, on peut faire des cataplasmes calmants ;
- en décoction : deux fois par jour, elles peuvent retarder l'apparition de la couperose.

• **le lamier-blanc (Lamium album) – (désigné parfois sous le nom d'ortie), n.m**
- famille des Labiées ;
- herbe à feuilles opposées, à fleurs groupées au-dessus des feuilles.
- *en thérapeutique* : cette plante s'utilise comme traitement de fond de la goutte car excellent dépuratif, permettant l'élimination de l'acide urique ;
- mais également pour traiter les problèmes gynécologiques ou de ménopause.

• **le latanier, n.m**
- genre de palmiers, tribu des borassées ;
- palmier à petites feuilles en éventail.
- *en thérapeutique* : le latanier rouge, de l'Ile Maurice, a des propriétés antiscorbutiques.

• **le laurier (Laurus), n.m**
- famille des Lauracées,
- le laurier d'Apollon ou des poètes, de la région méditerranéenne, a une odeur aromatique et pénétrante ;
- ses fleurs sont jaunâtres.
- *en cuisine* : il est connu sous le nom de laurier-sauce ; *chez les anciens : il passait pour communiquer le don de prophétie.*

Attention :
– on donne aussi vulgairement le nom de laurier, à des plantes non comestibles, rendant fortement malade, communément appelées « laurier-cerise », dont le feuillage lui ressemble beaucoup.
Ceux-ci sont en général utilisés pour les haies.

• **la lavande (Lavandula), n.f**
– famille des Labiées,
– plante des coteaux de la Côte d'Azur, à fleurs bleues violacées et odorantes, ornementales, médicinales et aromatiques.
– *en thérapeutique* : elle a des propriétés stomachiques et toniques
– *en infusion* : 4 à 8 gr dans de l'eau.

• **le lin (lat. Linum), n.m**
– plante herbacée de la famille des Linacées,
– les fleurs de lin, réunies en grappes, composées de 5 sépales, 5 pétales, 5 étamines fertiles et 1 ovaire à 5 loges, sont de couleur jaune, bleue, blanche ou rose carminé.
– *en thérapeutique* : à l'aide de graines, on fait une farine qui sert à fabriquer des cataplasmes.

• **la livèche (Levisticum), entre dans certaines compositions culinaires en qualité d'herbe à maggi)**
– famille des Ombellifères, dont fait partie la livèche officinale ou ache des montagnes, qui croît dans les régions montagneuses du midi de l'Europe ;
– ses fleurs sont jaunes.
– *Son utilisation* : il s'agit d'une plante aromatique, utile pour accommoder les mets.

• **le lycopode, n.m**
– famille des Lycopodiacées,
– les lycopodes, à la tige grêle et rameuse, se fixent au sol par des

racines rampantes ;
- les épis sporifiés du « lycopodium clavatum », variété des environs de Paris, donnent la poudre de lycopode, jaune pâle.
- *en thérapeutique* : la poudre de lycopode (vendue en pharmacie) favorise la repousse des cheveux en 1 ou 2 ans.

• **le maïs (lat. Zea mays), n.m**
- famille des Graminées,
- le maïs est d'abord cultivé en Amérique Centrale, avant d'être introduit en Europe au 16ème siècle ;
- plante à tige droite, très haute, à feuilles lancéolées, ayant deux sortes de fleurs : les unes, mâles, les autres femelles ;
- les fruits sont jaune d'or ou orange, groupés en épis.
- *en thérapeutique* : la barbe de maïs contient des minéraux. Elle est diurétique, abaisse la tension et stimule le coeur ;
- en infusion : 20 gr par litre d'eau, 1 jour sur 2.

• **le marronnier, n.m**
- famille des Hippocastanées ;
- l'espèce la plus intéressante est le marronnier d'Inde « Oesculus hippocastanum » ;
- arbre originaire de Turquie (et non de l'Inde), il fut introduit en France au 17ème siècle ;
- certains marronniers vivent 200 ans.
- *en thérapeutique* : il a longtemps été utilisé comme adjuvant du quinquina ;
- par ailleurs, il est utilisé comme anti-inflammatoire et antioedémateux ; il renforce la résistance des capillaires sanguins et est intéressant dans les troubles de la circulation.

• **le marrube, n.m**
- famille des Labiées ; plante vivace, cotonneuse ;
- *en thérapeutique* : le marrube blanc (Marrubium vulgare) est un puissant dépuratif préconisé contre les infections pulmonaires ;
- par ailleurs, il stimule les fonctions digestives, le foie ainsi que la

vésicule ;
- en infusion : 1 cuillerée à café de tiges par tasse d'eau.

• **le marsault (vient du latin : salix : saule ; maris : mâle), n.m**
- espèce des saules dont les fleurs apparaissent avant les feuilles.
- en thérapeutique : l'écorce de cet arbuste possède des propriétés antipyrétiques remarquables.

• **le marum (Germandrée maritime) (vulg. appelé « herbes aux chats »), n.m**
- espèce des Germandrées ;
- plante vivace à tige de 0,5 m environ, possédant de nombreux rameaux, opposés, grêles, blanchâtres, cotonneux, qui portent des très petites feuilles de ton vert-foncé au-dessus et blanc au-dessous ;
- aux fleurs purpurines réunies en grappes terminales.
- *en thérapeutique* : le marum a des propriétés toniques et sternutatoires.

• **la mauve (Malva), n.m**
- famille des Malvacées,
- les mauves sont des herbes à fleurs pourpres, roses, mauves ou blanches.
- *en thérapeutique* : plantes dont les feuilles et les fleurs sont émollientes, adoucissantes pour les voies respiratoires ;
- elles sont antitussives, anti-inflammatoires, calmantes en cas debronchites.
- Par ailleurs, elles ont une action bénéfique sur la constipation ; antispasmodiques, elles calment les douleurs.
- Enfin, la mauve est intéressante pour traiter les peaux rêches : à raison de 30 gr de feuilles par litre d'eau.

• **le mélilot (lat. Mélilotus officinalis), (gr. Mélilôtos « fleur à miel », n.m**
- genre de légumineuses papilionacées ;

- herbes annuelles ou bisannuelles, à petites fleurs jaunes ou blanches, groupées en grappes grêles, comprenant un grand nombre d'espèces ;
- le mélilot bleu « mélilotus caerulea », de Bohème, possède des fleurs ornementales très recherchées des abeilles.
- *en thérapeutique :* le « mélilotus officinalis » est employé, en infusion, contre les inflammations des yeux.
- Plante utile dans le traitement de la couperose, des ecchymoses.

• **le mélisse (lat. Mélissa officinalis) (gr. Mélissa = abeille : plante aimée des abeilles), n.m ;**
- famille des Labiées,
- plante à tige rameuse (1 m environ de hauteur), possédant des feuilles dentées,
- des fleurs jaunes puis blanches, parfois tachées de rose ;
- froissée, elle répand une odeur de citron : d'où le nom vulgaire de « citronnelle ».
- *en thérapeutique* : comme toutes les labiées, cette plante renferme une essence : stimulante, tonique du système nerveux sous forme « d'eau de mélisse » (pure sur un morceau de sucre ou mieux, dans une infusion de camomille ou de menthe).
- Elle améliore également les états dépressifs, associée à la passiflore.
- Par ailleurs, le mélisse est intéressant pour le traitement des peaux grasses.

• **la menthe (Mentha piperita), n.f**
- famille des Labiées,
- herbe odorante, à feuilles opposées, à fleurs roses, violacées ou blanches.
- *en thérapeutique* : connue pour ses vertus médicinales et aromatiques depuis la fin du 1er millénaire avant J.C. ;
- la menthe a de nombreuses propriétés : elle est analgésique, anti-inflammatoire, anti-microbienne, antiprurigineuse, antispasmodique, antivirale, vermifuge...

363

La menthe : plante médicinale :
- des essences extraites, on en tire un camphre cristallisable, le menthol ;
- *en infusion* : elle a des propriétés digestives.

• le millepertuis (Hypericum), n.m
- famille des Hypéricacées,
- ses fleurs sont jaunes ou blanches ;
- son fruit est une capsule.
- *en thérapeutique* : son utilisation médicale remonte au 6ème siècle, et pendant des siècles, pour le remède des plaies et des brûlures et pour les maux d'oreilles ;
- cependant, si le millepertuis du jardin est inoffensif, certains produits mis sur le marché peuvent poser des problèmes aux personnes atteintes du sida, aux personnes greffées et aux utilisatrices de contraception orale (cf. article« Vivre Mieux, Santé », Le Parisien, Juillet 2003.

• la moutarde (en latin : Sinapé – en grec : Sinapi), n.f
- famille des Crucifères,
- plante à tige rameuse, velue, d'une hauteur de 1 m parfois, à feuilles alternes pétiolées, à fleurs en grappes jaune.
- *en cuisine,* elle est employée comme condiment,
- *en thérapeutique* : on fabrique une farine de graines de moutarde qui sert à la confection de cataplasmes (sinapismes) (ne pas utiliser d'eau très chaude pour leur application).

• le mûrier, n.m
- genre d'urticées ;
- arbrisseau à feuilles isolées, distiques, à fleurs unisexuées,
- le fruit est une drupe, formée de plusieurs calices charnus, soudés entre eux : « la mûre » ;
- le mûrier noir, qui vient d'Asie Mineure et le mûrier blanc, qui vient de Chine, font partie des nombreuses espèces de mûriers qui furent introduites en France.

  – en thérapeutique : l'écorce et la racine sont purgatives et vermifuges.

• le myosotis, n.m
- famille des Borraginacées ;
- petite herbe vivace, à feuilles isolées, simples,
- à fleurs bleues parfois blanches ou roses, réunies en cymes bipares.
- *en thérapeutique* : le myosotis est intéressant, en application locale après infusion, pour calmer les yeux.

• la myrrhe (gomme résine produit par l'arbre Belsamodendron myrrha), n.f
- la myrrhe est un suc laiteux, âcre qui s'écoule de toutes les plaies faites à l'arbre ;
- on la trouve dans le commerce sous le nom de « myrrhe en larme » ou « myrrhe en sorte » (moins odorante que la première, plus impure).
- Elle était employée, chez les anciens dans les temples où elle était brûlée : usage dû aux Hébreux avant d'être repris par les Chrétiens (un des mages portait la myrrhe à la nativité).
- *en thérapeutique* : elle est stimulante, tonique et antispasmodique : dose maximum 2 gr.

• le myrrhis, n.m
- famille des Ombellifères ;
- l'espèce la plus connue : le myrrhis odorant ou « cerfeuil d'Espagne », dont l'odeur rappelle celle de l'anis.
- il peut être cultivé dans les jardins et entre dans la composition de la Liqueur de la Chartreuse.

• la myrtille (rad. Myrte) ou « l'airelle-myrtille), n.f
- genre « airelle » (vaccinium), de la tribu des vacciniées, famille des Ericacées ;
- arbuste à feuilles opposées, aux fleurs d'un blanc rosé dont les

fruits

sont des baies pourpres-noirâtres.

- *en thérapeutique* : les baies de myrtille ont une action antidiarrhéique et agissent sur les douleurs et spasmes intestinaux dus à la colite ;
- elles sont aussi antibactériennes au niveau intestinal.
- De plus, grâce à leurs pigments, elles améliorent la vision nocturne et favorisent la régénération du pourpe réinien, et donc utiles pour ceux qui conduisent la nuit.
- Enfin, elles sont intéressantes par leur action sur les formes légères du diabète non insulino-dépendant et du diabète lié au vieillissement.

• la nigelle (Nigella arvensis), n.f
- famille des Renonculacées,
- herbe à feuilles divisées en nombreuses lanières, étroites, aux fleurs solitaires à larges sépales, blancs ou blancs veinés de bleu.
- *en thérapeutique* : il s'agit d'une plante diurétique et antilaiteuse. Elle est utile pour le traitement des maladies de reins et des voies urinaires ;
- *en infusion* : maximum 1 cuiller à café de feuilles de nigelle pour 1 litre d'eau.

• le noyer (lat. pop. Nucatium), n.m
- famille des Juglandées,
- arbre à ramures épaisses et larges, à écorce grisâtre, à feuilles alternes légèrement dentées.
- *en infusion* à faire sur 12 heures :
  • 1 cuiller à café de feuilles de noyer pour un quart de litre d'eau, que vous appliquerez sur le visage pour lui redonner de la luminosité;
  • 2 cuillers à café de feuilles pour une tasse que vous laisserez infuser à peine une minute, et vous masserez le cuir chevelu pour remédier à la chute des cheveux.

• **l'oignon (lat. unio), n.m**
  - famille des Liliacées ;
  - plante potagère du genre « ail »,
  - plante vivace se multipliant par caïeux ;
  - l'oignon contient une essence sulfurée âcre, qui lui donne son odeur caractéristique.
  - *en thérapeutique* : l'oignon est un excellent dépuratif et il abaisse le niveau de sucre dans le sang, donc intéressant pour les personnes atteintes de diabète.

• **l'onagre (Oenothera biennis « Primevère du soir »),**
  - l'onagre est synonyme de « oenothère » ;
  - famille des Oenothéracées ;
  - plante sulfureuse, à feuilles alternes qui ont, à l'aisselle, de très belles fleurs jaunes ;
  - elle est cultivée dans les régions tempérées ;
  - la partie utilisée est la graine d'où est extraite l'huile.
  - *en thérapeutique* : l'huile d'onagre est intéressante dans les problèmes de troubles prémenstruels ;
  - elle a également des effets bénéfiques sur les peaux sèches.

• **l'ortie (urtica), n.f**
  - famille des Urticacées ;
  - plante annuelle (l'ortie dioïque ou grande ortie peut dépasser 1 m de hauteur), qui a des feuilles opposées, dentées ou labiées, des fleurs groupées en épis ou cymes ;
  - elle est couverte de poils unicelllulaires, dits urticants, dont la base renferme un liquide irritant : « l'acide formique » ; la pointe du poil, en se brisant au contact de la peau, y dépose le liquide d'où la douleur cuisante et ensuite l'ampoule ;
  - cependant, desséchée, l'ortie perd ses propriétés irritantes.
  - *en thérapeutique* : le suc d'ortie, administré en sirop, est hémostatique ;
  - les fleurs d'ortie blanche s'emploient en tisane, contre la leucorrhée.

- La Grande Ortie (Urtica dioïca) est intéressante pour l'élimination de l'acide urique ;
- enfin, l'ortie est reminéralisante.

• la passerage cultivée (Lépidium sativum) ou cresson alénois, n.f
- famille des Crucifères ;
- originaire de Perse, elle a des petites fleurs jaunes (voir « le cresson »).

• le passiflore (Passiflora incarnata), n.m
- famille des Passifloracées ;
- arbrisseau généralement grimpant, avec de grandes fleurs.
- *en thérapeutique* : le passiflore a des vertus calmantes : il est utile contre les insomnies ;
- il est particulièrement intéressant pour le sommeil des adultes et des enfants car il procure un sommeil réparateur, sans risque de dépendance ;
- il peut être utilisé en infusion ou en gélules.

Le passiflore : Flos passionis ou fleur de la passion :
D'après la tradition : les diverses parties de cette fleur désigneraient les divers instruments de la passion du Christ :
- les filaments de la Couronne, figureraient la couronne d'épines,
- les 3 styles seraient les clous,
- les feuilles représenteraient la lance et les vrilles : le fouet.

• la pensée sauvage (lat. Viola tricolor hortensis = présente dans les champs en friche mais peut être cultivée), n.f. ;
- famille des Violacées ;
- plante très rameuse, à feuilles ovales lancéolées, dont les grandes fleurs irrégulières se composent de 5 pétales :
- les deux supérieures sont souvent d'une même couleur,
- les trois autres, de couleur varient du jaune au violet ;
- son fruit est une capsule.
- *en thérapeutique* : cette plante est dépurative et améliore

beaucoup la peau, limitant la sécrétion de sébum ; elle combat efficacement l'acné et l'eczéma.

• **le persil (persil commun : Pétrosélinum sativum), n.m ;**
   - famille des Ombellifères,
   - plante bisannuelle, qui dégage une odeur âcre, « aux feuilles très découpées et aux fleurs jaunes verdâtres, réunies en ombelles ».
   - On sème le persil en toutes saisons (pour conserver quelque temps des pieds, en vue de repiquage, il y a lieu de les prélever avant la floraison). Il s'accommode de toute sorte de terre.
   - Grâce à ses propriétés aromatiques ou médicinales, il est utilisé en cuisine et pour orner les plats ;
   - *en thérapeutique* : c'est une plante stimulante dont la racine est apéritive.

• **le peuplier (rad. peuple), n.m**
   - famille des Salicacées ;
   - grand arbre à bourgeons floraux résineux qui apparaissent avant les feuilles alternes. Les fleurs sont dioïques : les fleurs mâles réunies en chatons pendants, les femelles ont un pistil dimère.
   - *en thérapeutique* : on peu appliquer, sur les dartres ou crevasses, une décoction de peuplier.

• **la piloselle (Hieracium pilosella – oreilles de souris), n.f**
   - son nom est dû à ses feuilles velues : pilos = poils en grec ;
   - la piloselle est de la famille de l'Epervière : des composés ;
   - plante herbacée, vivace, à poils étoilés ou laineux.
   - *en thérapeutique* : est un stimulant des reins, facilitant l'élimination d'eau en douceur.

• **le pin, n.m**
   - famille des Conifères, d'une hauteur pouvant atteindre 50 m ;
   - les grosses branches sont insérées suivant des cercles horizontaux ;
   - sur le tronc et les rameaux, sont de petites feuilles ou écailles –

369

- épines – sans chlorophylle – ainsi que des bourgeons qui donnent 2, 3, 5 feuilles.
- *en thérapeutique* : (en infusion) il s'agit d'un adoucissant, pour les maladies des reins et de la vésicule. Il est par ailleurs, utile dans le traitement des maladies respiratoires.
- **L'air des forêts de pins est vivifiant, purifiant et bénéfique pour les maladies chroniques et respiratoires.**

• **le pissenlit (Taraxacum), n.m**
- famille des Composées liguliflores,
- plante vivace à feuilles radicales, oblongues et dentées,
- aux fleurs jaunes, portées par une tige fistuleuse ;
- les fruits, des akènes, sont surmontés par des aigrettes (se détachant au moindre coup de vent).
- *en thérapeutique* : le pissenlit est diurétique et dépuratif ;
- en macération pendant 1 nuit : à raison d'une demi-cuiller à café pour un quart de litre d'eau, tiède et filtrée, aide à lutter contre l'acné. Il faudra l'utiliser une demi-heure avant et après le petit-déjeuner.

• **le plantain (Plantago), n.m**
- famille des Plantagacées ;
- plante vivace à feuilles radicales ;
- les fleurs réunies en épis terminaux sont portées par une hampe solitaire ;
- *en thérapeutique :* il s'emploie contre les affections des yeux (on en fait des collyres) ;
- la feuille de plantain renferme des propriétés anti-bactériologiques et antitussives ;
- le plantain est anti-inflammatoire et anti-allergique ;
- en infusion : à raison d'une cuiller à café pour une tasse d'eau ; on l'utilise pour le nettoyage de la peau.

• **le polygale (Polygala senega), n.m**
- famille des Polygalacées ;

- jolie plante à tige grêle, à feuilles alternes lancéolées, à fleurs irrégulières réunies en épis ou en grappes, blanches, rouges ou bleues.
- *en thérapeutique* : plante diurétique, purgative et expectorante ; de plus, elle est intéressante pour le traitement des troubles digestifs, à raison de 20 gr pour 1 verre d'eau.

• **la potentille, n.f**
- famille des Rosacées, tribu des fragariées ;
- plante herbeuse à feuilles composées, à fleurs blanches parfois rouges ;
- la potentille ressemble beaucoup au fraisier.
- *en thérapeutique* : il s'agit d'une plante à propriétés astringentes, utile dans le traitement des affections des amygdales, de la bouche mais aussi pour traiter les problèmes d'estomac.
-

• **le potiron (Cucurbita), n. m**
- espèce des courges, famille des Cucurbitacées ;
- plante à grandes feuilles arrondies, dont la partie supérieure est couverte de poils ;
- les fleurs sont larges, évasées et solitaires ;
- les fruits, à peau lisse jaune ou orangée, marqués de sillons longitudinaux, renferment une pulpe ferme fondante.
- *en thérapeutique* : il s'agit d'une plante qui a des propriétés apaisantes lors de manifestations douloureuses de la prostate et utile dans le traitement des maladies bénignes de celle-ci.
Une des variétés, le « potiron d'Etampes », de couleur rouge vif, peut peser jusqu'à 60 kg.

• **le prêle (equisetum arveuse = prêle des champs), n.m**
- famille des Equisétacées ;
- ses tiges ramifiées font penser à une queue de cheval, d'où le nom « equus » (cheval) et « seta » (soie) ;
- sur le rhizome vivace se dressent des tiges creuses verticales (jusqu'à 1,5 m de hauteur), aériennes, portant des verticilles de

petites feuilles.
- *en thérapeutique* : le prêle est à lui seul un trésor de la nature et fait partie des plus anciennes plantes de la planète ;
- riche en silice, recherché depuis toujours en médecine pour ses vertus reminéralisantes (c'est la plante *reminéralisante n°1*) ;
- le prêle aide à la reconstitution du cartilage : utilisé dans le cas de douleurs articulaires, d'arthrose, d'artériosclérose ou même d'ostéoporose ainsi que pour la consolidation de fractures ;
- *une cure régulière est bénéfique.* De plus, cette plante est diurétique, dépurative, intéressante pour les problèmes d'excès de transpiration, de laryngite, d'éruptions cutanées
- mais aussi de problèmes ayant trait aux reins et voies urinaires ainsi qu'ulcères.

• *la primevère (lat. Primalu), n.f*
- famille des Primulacées,
- plante à racine vivace, à feuilles radicales,
- à fleurs groupées en ombelles portée par une hampe nue ;
- la primevère officinale, fleurissant les premiers jours de mars, a des fleurs jaunes (appelées souvent « fleurs de coucou ».
- *en thérapeutique :* la primevère est intéressante pour traiter les problèmes des voies respiratoires, notamment les bronchites chroniques ;
- en infusion : 5 gr par litre d'eau.

• **le pyrèthre (Pyréthrum), n.m**
- famille des Composées radiées,
- plante à feuilles alternes, à fleurs groupées en capitules terminaux.
- en thérapeutique : certaines sortes de pyrèthre appelées aussi matricaires ou grandes-camomilles (poussant spontanément sur les murs), donnent une résine rubéfiante, dont la teinture est la base de divers sirops pour les dents.

• **le quinquina (du péruvien : quina quina), n.m**

- famille des Rubiacées,
- arbuste à feuilles opposées dont les fleurs sont réunies en grappes terminales ; leur corolle à 5 dents aiguës ;
- les pétales sont étalés et frangés.
- *en thérapeutique* : c'est l'écorce des plantes qui ont les propriétés médicinales dues à la fois, aux tanins et aux alcaloïdes : propriétés fébrifuges et antiseptiques ;
- il stimule l'appétit et est conseillé aux malades affaiblis.

• **le radis noir (lat. Raphanus sativus niger), n.m**
- famille des Crucifères, tribu des raphanées,
- plante herbacée à feuilles opposées : les inférieures très découpées, les supérieures légèrement dentées ; - les fleurs blanches, jaunâtres ou violacées, sont réunies en grappes terminales ;
- sa racine, tubercule, est comestible.
- *en thérapeutique* : excellent draineur hépatique, il élimine les toxines.   On peut en faire des cures régulières, notamment aux changements   de saison.

• **le raifort sauvage (lat. cochlearia armorica) appelé aussi « grand raifort ou cransson de Bretagne et parfois, moutarde des Allemands ou des Capucins... », n.m**
- famille des Crucifères, du genre cochléaria,
- plante vivace à grosse racine charnue, blanche, à fleurs blanches groupées en épis terminaux ;
- lorsque la plante est fraîchement déterrée, elle peut remplacer la moutarde.
- *en thérapeutique* : le raifort est antiscorbutique, bon stimulant de la nutrition, intéressant dans le traitement de la goutte et le rhumatisme chronique ;
- il a servi également à la fabrication de divers sirops comme le sirop de raifort iodé, utilisé dans le lymphatisme infantile et dans la scrofulose.

373

• **le raisin (lat. Racemus), n.m**
  - blancs, jaunes, verts, rosés, violets ou noirs sont les différents grains de raisins, issus d'une grappe ;
  - les grains sont plus ou moins gros, plus ou moins ovoïdes ;
  - les grappes sont reliées au sarment par un pédoncule et des pédicelles plus ou moins longs.
  - *en thérapeutique* : une cure de raisin est intéressante pour la constipation, la digestion difficile et la goutte ;
  - par ailleurs, outre son rôle régulateur intestinal, il a une action vitaminique protectrice dans les cures d'amincissement et améliore la circulation veineuse en cas de cellulite ;
  - il facilite la perte de poids en favorisant l'élimination des déchets et graisses.

• **la reine-des-prés (lat. Spirea ulmaria) ou l'ulmaire – ou la spirée (véritable aspirine végétale), n.f** - famille de Rosacées, au port élégant,
  - plante des lieux humides, à feuilles dentées, à fleurs groupées en cymes terminales.
  - *en thérapeutique* : la reine-des-prés a des vertus anti-inflammatoires, antidouleurs, fébrifuges, recommandée pour le traitement des rhumatismes articulaires aigus, de la goutte, des oedèmes, et dans les cures d'amincissement, pour favoriser l'élimination rénale de l'eau, ou simplement des grippes ;
  - son intérêt : elle remplace la prise d'antalgiques classiques, et le foie et l'estomac sont préservés.

• **la rhubarbe (lat. Reubarbarum ou Rhabarbarum), n.f**
  - famille des Polygonacées,
  - plante vivace rhizomateuse à feuilles épaisses, à fleurs hermaphrodites groupées en panicules.
  - *en thérapeutique* : de couleur ocrée (la poudre est jaune d'or), d'odeur et de saveur aromatiques spéciales, la rhubarbe est un tonique amer, apéritif ou laxatif, suivant la dose utilisée ;
  - par ailleurs, elle sert à faire des confitures, et comme tonique, on

l'incorpore en extrait, dans du vin.

• le romarin (Ros marinus – rosée de mer), n.m
- famille des Labiées ;
- petit arbrisseau poussant sur les sols calcaires, très rameux, à feuilles opposées étroites,
- aux fleurs axillaires légèrement bleutées.
- *en thérapeutique* : C'est une plante aromatique utilisée en cuisine mais aussi aux qualités médicinales reconnues : les feuilles de romarin renferment une huile essentielle dont les propriétés sont bénéfiques aux systèmes digestif, intestinal et respiratoire.

• la rose trémière (aussi appelée parfois « rose papale »), n.f
- famille des Malvaceaes,
- plante rustique à fleurs doubles et aux coloris divers : blanc pur, jaune, orangé, rouge très foncé ou noir.
- *en thérapeutique* : elle a des propriétés calmantes sur la toux,
- l'asthme, les inflammations de l'estomac ;
- elle combat la constipation.
- Laissez macérer une cuiller à café de plantes saines, pour une tasse d'eau, pendant une demi-heure...

• la salsepareille (vient de l'espagnol : zarzaparrilla), n.f
- famille des Liliacées asparaginées,
- plante volubile, ayant de longues racines noirâtres à l'extérieur et blanchâtres à l'intérieur, d'une grosseur d'une plume d'oie.
- *en thérapeutique* : le rhizome a des propriétés dépuratives, diurétiques, anti-rhumatismales, sudorifiques.
- Elle est utilisée pour traiter les maladies de la peau : l'eczéma et le psoriasis (diminution des desquamations de la peau) mais aussi pour la grippe, l'anorexie, la goutte.

. la sauge (Salvia), n.f

- famille des Labiées stachyoïdées,
- la sauge officinale (salvia officinalis), cultivée dans beaucoup de régions, a des fleurs violettes bleues ou blanches...
- *en thérapeutique* : on prend les feuilles en infusion ; aromatique et amère, la sauge officinale est un tonique, puissant stimulant ayant surtout des fonctions digestives : digestions difficiles, ballonnements ; elle est également un puissant antiseptique.
- Par ailleurs, elle est utilisée contre les paralysies et les tremblements ; mais aussi, est intéressante, du fait de ses oestrogènes « végétaux », dans les cas de bouffées de chaleur de la ménopause.

• le saule (lat. Salix alba), n.m
- famille des Salicacées ;
- le saule, de taille très variable, au feuillage caduque, possède des feuilles alternes, allongées, lancéolées, couvertes de poils sur la face inférieure.
- Ses bourgeons glabres ou velus, sont enveloppés dans une seule écaille laineuse intérieure.
- *en thérapeutique* : le saule a de nombreuses propriétés antipyrétiques : entre autres, recommandé pour les grippes, douleurs notamment articulaires et mal de dos ainsi que rhumatismes ou arthrose (c'est-à-dire de l'aspirine, connu déjà des Grecs et des Romains).

• le serpolet (Serpyllum), n.m
- famille des Labiées,
- plante à rameaux touffus et rampants, avec racines adventives ;
- ses petites feuilles sont ovales et dentées et ses fleurs ont un calice bilabié : la lèvre supérieure est formée de 3 « pièces », la lèvre inférieure de 2 « pièces » ;
- le serpolet est recherché comme plante aromatique.
- *en thérapeutique* : on l'emploie en infusions pectorales ;
- par ailleurs, les animaux dont principalement les lapins, en sont friands.

376

• **le sorbier (lat. Sorbus), n.m**
  - famille des Rosacées pomacées,
  - arbre à feuilles composées, pennées ;
  - ses fleurs sont groupées en cymes ;
  - le « sorbier des oiseleurs », d'une hauteur de 10 m environ, produit des petits fruits globuleux, rouges corail, nom comestibles.
  - *en thérapeutique* : le sorbier est très intéressant pour l'industrie pharmaceutique ;
  - il est recherché pour son effet laxatif, diurétique ;
  - par ailleurs, il possède des glucides, des vitamines, des pectines, etc...

• **le souci (lat. Solsequia : qui suit le soleil) – (souci officinale : Calendula), n.m ;**
  - famille des Composées, tribu des calendulacées ;
  - plante annuelle à capitules jaunes ou oranges.
  - *en thérapeutique* : il a des propriétés apaisantes sur le foie et les spasmes d'estomac ;
  - en infusion: il faut environ 20 gr de plantes pour un demi litre d'eau.

• **le sureau (lat. Sabucus), n.m ;**
  - famille de Caprifoliacées sambucées,
  - arbuste à feuilles composées pennées, opposées, à fleurs irrégulières ;
  - le fruit est une petite baie renfermant 5 graines albuminées.
  - *en thérapeutique* : le sureau noir donne des fleurs aromatiques, employées en fumigations ou tisanes ;
  - l'écorce, macérée dans du vin, est purgative.

• **le tamier (Tamus), n. m**
  - famille des Dioscoréacées,
  - plante appelée encore « taminier », vigne noire ou « herbe aux femmes battues » dont les fruits, d'un beau rouge, sont de la

taille d'une petite cerise.
- *en thérapeutique* : propriétés diurétiques, purgatives,
- le tamier commun peut s'utiliser contre les contusions (d'où son surnom).

• **la tanaisie, n.f**
- famille des Composées,
- cultivée dans les jardins, on lui donne le nom de « tanaisie balsamique » ou « baume de coq ».
- *en thérapeutique :* la tanaisie a des propriétés antiseptiques, elle aide à lutter contre les parasites de l'intestin ;
- en infusion : faire infuser 5 gr de fleurs dans une tasse d'eau ; à consommer à jeun le matin.

• **le thé vierge (ou thé vert), (lat. Camelia sinensis), n. m ;**
- originaire de l'Inde, le théier n'a été connu des européens, qu'au 17ème siècle ;
- genre des dicotylédones, tribu des caméliacées,
- plante à feuilles alternes, coriaces, lancéolées, également dentées ;
- à l'aisselle des feuilles, apparaissent des fleurs isolées ou groupées par 2 ou 3, blanches-jaunâtres ;
- le fruit est une capsule ligneuse qui contient de la caféine.
- *en thérapeutique* : la caféine a un rôle antiasthénique, intéressant dans les régimes amincissants ; c'est aussi un stimulant, tonique...

• **le thym (Thymus vulgaris), n. m**
- famille des Labiées menthées,
- plante à tiges ligneuses de 25 cm environ de hauteur, à feuilles opposées, à fleurs blanches, roses ou purpurines, groupées en épis ;
- c'est une plante odorante, à saveur aromatique, fournissant des essences en parfumerie et aussi un condiment pour la cuisine ;
- *en thérapeutique* : le thym a de nombreuses propriétés, et est

utile pour :
- les infections pulmonaires, comme calmant pour les toux quinteuses de la coqueluche ou de l'emphysème ;
- mais aussi pour les problèmes digestifs, intestinaux, ballonnements, aérophagies (associé au charbon végétal) ;
- antiviral, intéressant pour éviter les récidives d'herpès ou de zonas ;
- c'est un remède contre les crises de foie ;
- en infusion : une demi-cuiller à café de thym pour une demi-tasse d'eau.

• **le tilleul (lat. pop. Titiolium), n. m**
- famille de Tiliacées tiliées,
- arbre à belles feuilles larges, alternes, aux fleurs réunies en corymbes ;
- le fruit est un akène plus ou moins petit.
- L'aubier de tilleul est la partie qui possède d'intéressantes propriétés : il s'agit de la deuxième écorce, sous l'écorce même.
- *en thérapeutique* : « l'aubier de tilleul » est intéressant dans les problèmes de ballonnements, flatulences, nausées, migraines d'origine hépatique, de calculs biliaires, favorisant l'élimination de la bile.

• **la valériane (lat. Valeriana officinalis), n. f**
- famille des Valérianacées,
- plante vivace dont les fleurs sont groupées en cymes terminales ;
- la valériane officinale (ou herbes aux chats) est une plante à fleurs roses.
- *en thérapeutique* : la racine a des vertus antispasmodiques, fébrifuges, ainsi que des propriétés antiépileptiques ou anticonvulsivantes, sans qu'elle ne procure ni accoutumance ni somnolence ;
- elle a de plus, une action sédative, intéressante pour traiter l'anxiété, l'angoisse ou aide à la désintoxication tabagique.

379

• **la véronique, n.f,**
  - famille des Scrofularinées-rhinanthées,
  - plante herbacée vivace parfois ligneuse, pouvant atteindre 1 m de hauteur ;
  - ses fleurs isolées ou groupées, de coloris bleu vif, poussent en grappes ou en épis ;
  - le fruit est une capsule.
  - *en thérapeutique* : elle a des propriétés toniques et digestives

• **la verveine (lat. Verbena), n.f**
  - famille des Vervénacées – verbénées ;
  - plante à tige carrée, à petites feuilles opposées et dentées,
  - les fleurs de la verveine officinale, sont bleues ou violettes, odorantes.
  - *en thérapeutique* : la verveine aiderait à dormir.

• **la vigne rouge (lat. Vigne, vinea), n. f**
  - la vigne est de la famille des Ampelidacées,
  - arbuste à feuilles opposées, dentées ;
  - sur les rameaux apparaissent les fruits, les raisins, en grappes ;
  - la tige, tordue, noueuse est le cep.
  - *en thérapeutique* : la vigne rouge est recommandée pour le traitement des insuffisances veineuses (jambes lourdes, varices),couperose, ecchymoses... ainsi qu'hémorroïdes...

* *

ENCYCLOPEDIE DES PLANTES

Planches botaniques réalisées par artistes dessinateurs,
Larousse encyclopédique 1900.

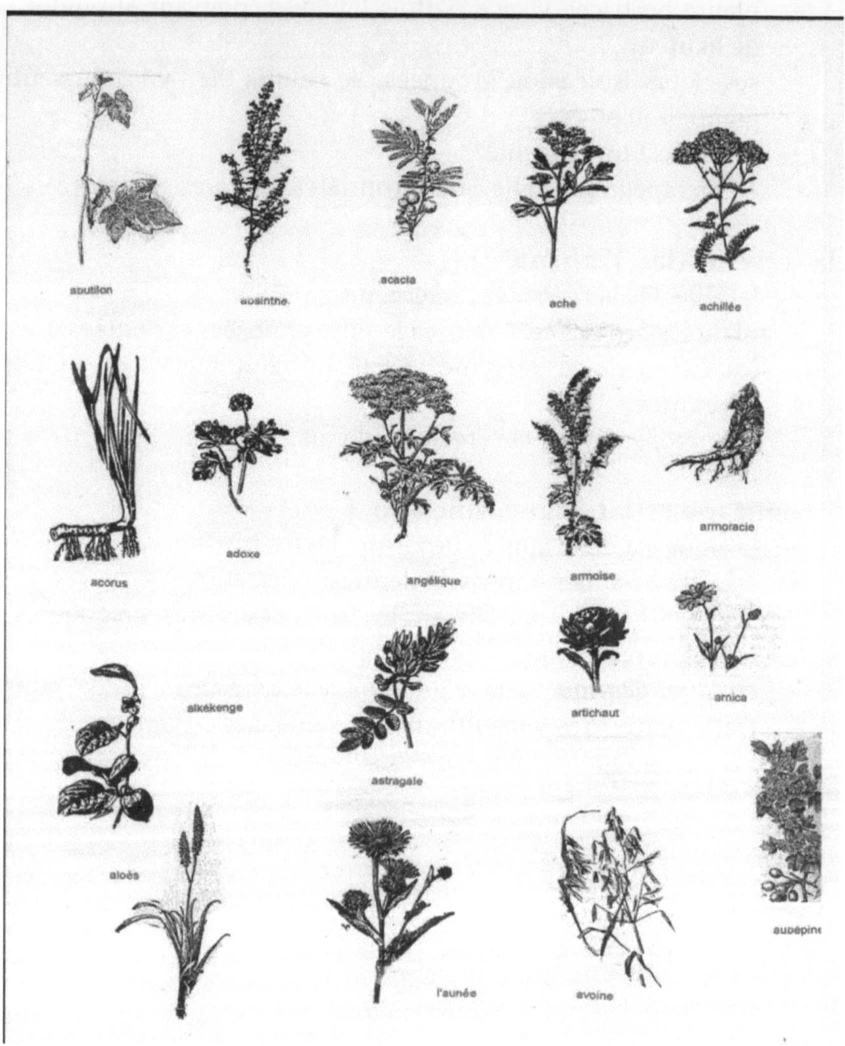

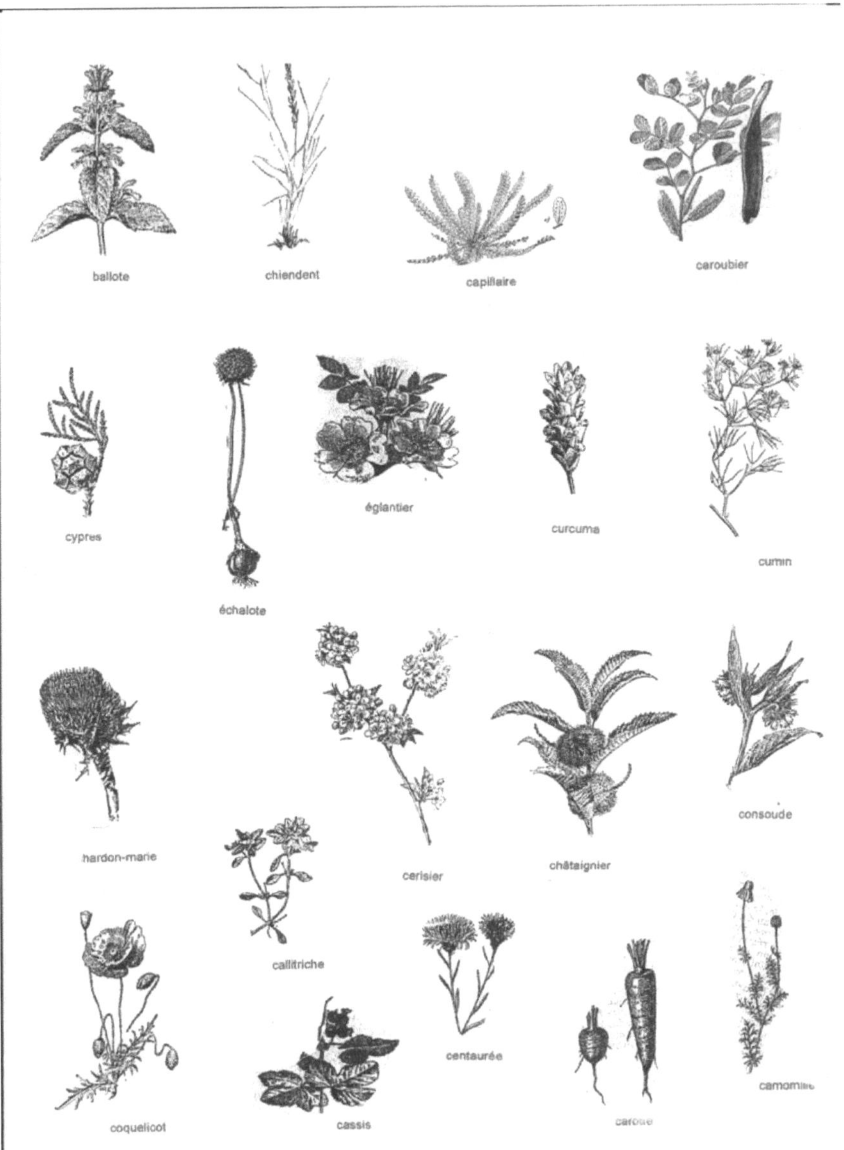
ballote
chiendent
capillaire
caroubier
cyprès
églantier
curcuma
cumin
échalote
chardon-marie
cerisier
châtaignier
consoude
callitriche
coquelicot
cassis
centaurée
carotte
camomille

382

chélidoine
capucine
bourrache
blé
benoîte
chêne
carvi
chèvrefeuille
barberis
bouillon-blanc
bergamote
caféier
baobab
fragon
érable
bruyère
balsamée
basilic
bardane
érycimon
eupatoire
fenouil
gui
garcinia

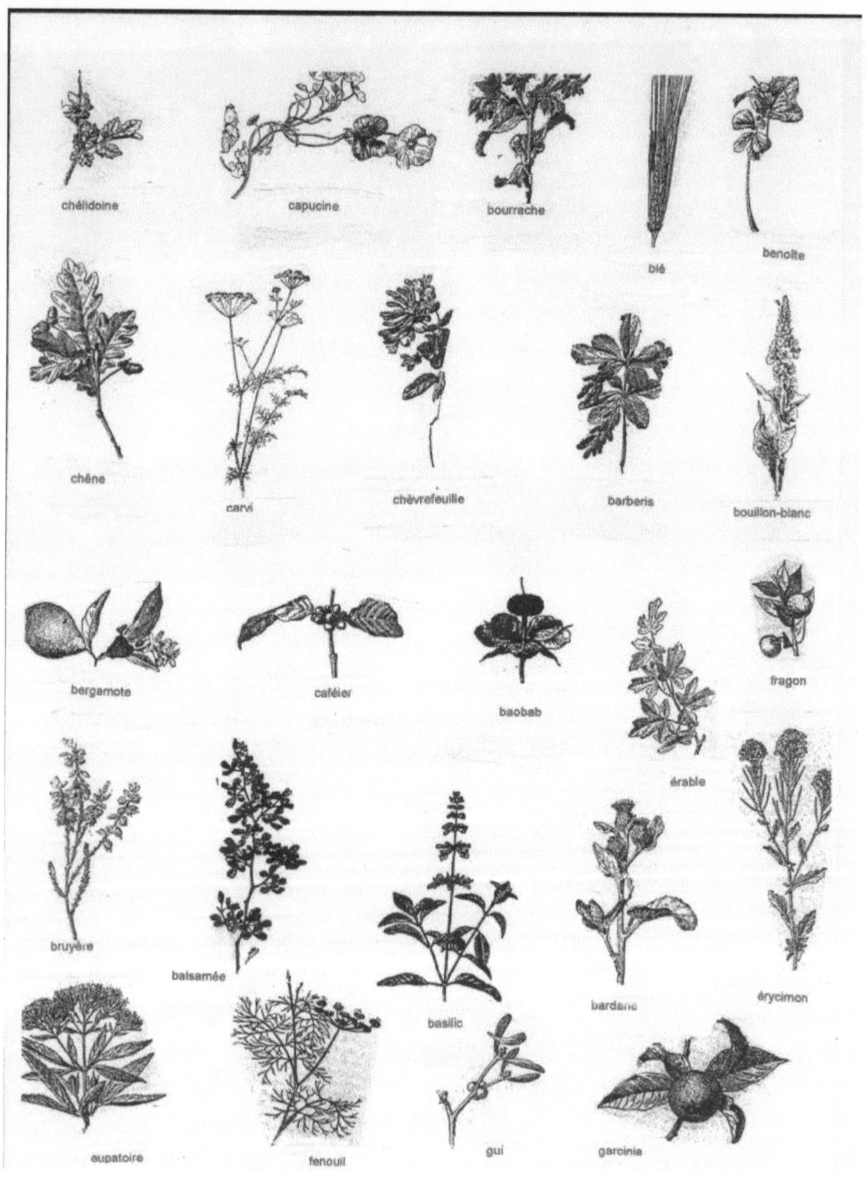

eucalyptus
framboisier
ginko
fumeterre
genévrier
ginseng
herniaire
hêtre
guettarde
hamamelis
houblon
laitue
joubarde
lamier-blanc
kola
mauve
lycopode
polygale
primevère
mûner

384

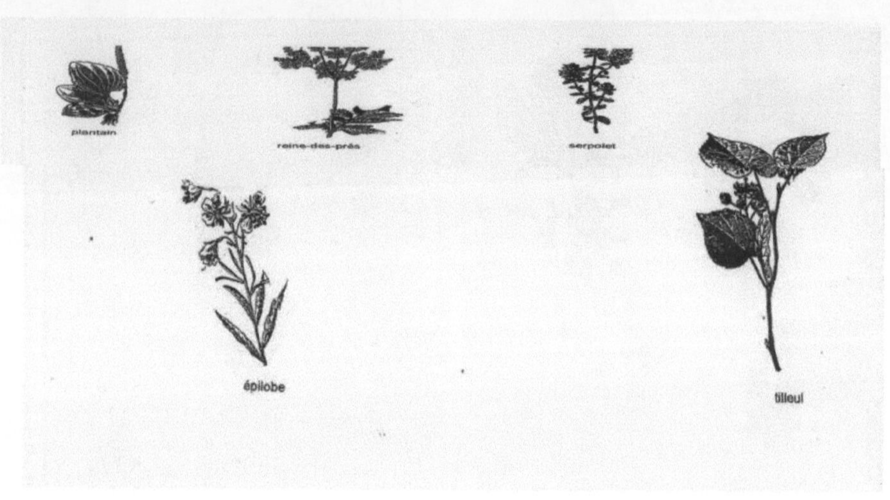

* *

SIXIEME PARTIE

Les jardins d'ailleurs

« ... Des jardins différents les uns des autres,
il n'existe pas de règles fixes :
elles ne peuvent donc pas se transmettre... »
Début du « Yuan Ye »,   Traité : « l'Art du Jardinage », paru en 1634

1/ Le jardin chinois

Partie intégrante de l'habitat chinois, notamment celui des lettrés ; le jardin chinois doit être présent pour honorer les *ancêtres*. Il doit être unique mais cependant obéir à des rîtes ancestraux, sous les signes du taoïsme, philosophie qui recommande la relation étroite, la communion entre l'homme et tous les aspects de la nature.

En effet, tout comme l'habitat, le jardin doit répondre aux règles très précises de la *géomantie* (fengshui : vent et eau) basée sur la cosmogonie et codifiée vers le XIIIème siècle. Les règles géomantiques utiles lors de l'installation de l'habitat qui doit être en harmonie avec l'ordre de l'*Univers*, doivent permettre au foyer d'accéder à la prospérité et aux bonnes grâces des ancêtres. Il sera ainsi protégé des risques naturels tels que des tremblements de terre et de la foudre.

Quelles énergies doit retenir le jardin ?

Tout d'abord, l'eau constituant *l'élément* majeur de la nature. Chaque jardin comportera une ou plusieurs pièces d'eau, bassins ombragés entourés de rocailles, cyprès, pins, genévriers ou bambous, mais aussi d'autres arbres et arbustes, en terre ou en jardinières et d'autres éléments qui, dans ce paysage, doivent diriger la *pensée* : ainsi les pivoines, reines des fleurs, dans de grandes jardinières, incarnent le statut social et la richesse ou le lotus au milieu des bassins, les grenadiers en pots favorisent la croissance et la prospérité dans la famille. Souvent, s'ajoutent les *notes* de couleur apportées par les nombreux rosiers, car la culture des roses a débuté en Chine, avant d'apparaître en Europe, d'où la très belle « *Rose Thé* » ; il en a été de même pour les oeillets de Chine.

*

***La Cité Interdite de Pékin*,** inscrite en 1987 au Patrimoine Mondial de l'Humanité, représente une superficie globale de 72 ha dont 50 ha environ sont destinés aux jardins : 4 jardins et l'un d'eux, le *Jardin Impérial Yu Yuan (Jardin Fleuri)* possède des *fonctions* spirituelles liées à l'organisation de la Cité Interdite.
Le Palais Impérial de Pékin a été construit au début du 15ème siècle sous le règne du 3ème Empereur des Ming : Yong Lo.

Au centre de la ville, la Cité pourpre interdite (Zijincheng) (autre nom de la Cité Impériale de Pékin), *symbolise* l'étoile polaire, centre de l'Univers selon la Cosmologie chinoise. Tout doit tourner autour du « Fils du Ciel : l'Empereur », *mandaté* sur terre pour préserver l'harmonie entre les *mondes* naturels et l'homme.

Presque austère, le Jardin Impérial apparaît ordonné à *l'image* de l'ordre qui doit régner dans la Cité Interdite. On y a créé une petite colline, amoncellement de rochers : la montagne de l'« Excellence accumulée » qui domine la Cité Interdite. Ayant un rôle de support, elle a, à son sommet, un kiosque du Panorama impérial où la famille impériale se réunissait pour la fête du Double Neuf (le neuvième jour du neuvième mois lunaire !). Dans ce jardin, partout arbustes, fleurs dont les lotus sacrés, les bambous, symbole de *l'attitude* de l'homme pliant face à l'adversité, mais finalement fort et dominant... puis les pivoines

388

autour des pièces d'eau...

Le Jardin Impérial était *aménagé* en lieu de spectacles mais aussi lieu d'activités de lettres, poésies et calligraphie... souvent fragmenté en plusieurs scènes pouvant être modifiées grâce à des *scènes* miniatures dans des vases ou des jardinières composées de fleurs ou d'arbustes nains. Il était spécialement prévu pour y accueillir les hôtes en périodes caniculaires. Le *luxe* apparaissait dans les moindres détails tels que pots en terre cuite vernissée, destinés exclusivement à l'Empereur. Là, comme dans les 3 autres Jardins Impériaux de la Cité Interdite, chaque élément se soumettait aux *contraintes* locales.

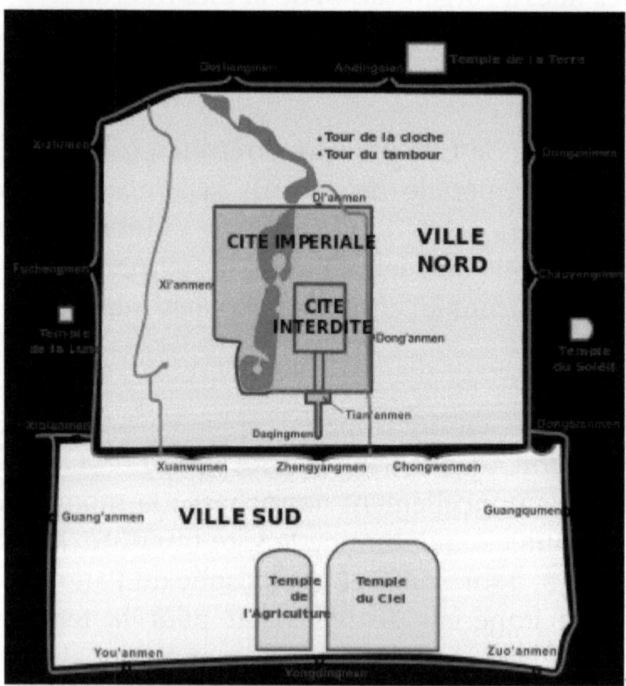

« Représentation du Pékin historique : la Cité impériale et au centre la Cité interdite (orange), la Ville tartare (Ville Nord) et la Ville chinoise (Ville Sud). » ; *est distribué sous licence CC BY-SA 4.0 Auteur Zunker Wikipédia*

**

2/ Les jardins de l'Orient

Structure ouverte, à quatre côtés, plan géométrique reliant le Palais à la résidence privée... il s'agit d'un jardin enclos de murs et de colonnades. Il apparaît tempéré par des arbres : cyprès (d'éternité), platanes, orangers, figuiers, grenadiers, etc...

Partout, des parterres de fleurs et de plantes odorantes : jasmins, roses aux odeurs enivrantes... dans un espace fermé, rafraîchi par des fontaines à vasque centrale car *l'eau* est omniprésente, bruissante, tranquille ou jaillissante, symbole de vie et de pureté.

Le jardin d'Orient est à l'origine le jardin idéal symbolisant le *paradis* promis (al Jannah) dans le Coran (S. 47 v. 16-17),
Il est divisé par 4 fleuves :
• 1 fleuve d'eau, incorruptible,
• 1 fleuve de lait,
• 1 fleuve de vin doux à boire,
• 1 fleuve de miel purifié.

L'Alhambra, l'ancien Palais et forteresse des rois maures de Grenade, en Espagne, possède encore visible, la cour des Lions : 30 m de long et 16 m de large, pavée de marbre blanc. Au centre, un bassin d'albâtre porté par 12 lions en marbre noir qui rejetaient autrefois de l'eau : eau répartie dans des canaux afin d'alimenter les appartements intérieurs du Palais. A proximité, des jets d'eau amenaient la fraîcheur dans les jardins ombragés.
**Désormais, l'Alhambra fait parti du Patrimoine mondial
de l'Humanité.**
* *

3/ Les jardins suspendus de Babylone, *qui figurent parmi les « 7 Merveilles du Monde ».*

Il s'agit d'un décor émaillé sur une des 8 portes de la cité Intérieure de Babylone... construite en 580 avant J.C. sur ordre du roi Nabuchodonosor II. Sur les portes se trouvent des rangées de Lions, de Taureaux... Cette porte est dédiée à la *déesse* éponyme Ishtar...

C'est en Mésopotamie, à 160 km au sud-est de Bagdad (qui n'existait pas encore !) que Babylone fut créée de 2325 à 2130 avant J.C., par les habitants de la ville-état *Akkad*. Elle remplaçait une cité embryonnaire vieille de plus de 3500 ans.

D'après la Bible : ce sont les enfants de Noé, échappés du *Déluge*, qui fondèrent Babylone, dans la plaine de *Sennaar...*

391

D'après la Tradition grecque : selon Ctésias, la ville de Babylone a été créée par Sémiramis, reine d'Assyrie, alors qu'Hérodote avance le nom d'une autre reine Nicrotis, plus récente mais aussi plus légendaire.

Aujourd'hui, un désert et des ruines remplacent cette ancienne ville prestigieuse. C'est là, qu'au cours de fouilles récentes, les archéologues ont découvert « de longues inscriptions » qui évoquent les travaux accomplis par Nabuchodonosor, citant 12 temples et palais édifiés dans la grande cité dont :
• le Temple de Marduk ;
• le Temple des « Bases du Soleil et de la Terre », etc... construits dans le mur d'enceinte de la ville (mur qui avait été décrit par Nabuchodonosor, d'une longueur de 490 stades puis confirmé par Hérodote – percé de 100 portes).

Il s'agit d'un carré régulier, traversé en diagonale par l'Euphrate, avec des quais en briques. Parmi les derniers Rois, Hammourabi, prince d'origine étrangère, a fait de Babylone, la capitale de la région, la Chaldée ; il fit construire de nombreux canaux intérieurs garantissant à la ville la prospérité. C'est lui également, qui institua une sorte de code civil.

Seulement est-ce vraiment à Babylone que se situaient ces jardins suspendus ?
Sur les peintures murales égyptiennes (tombeaux...), nous voyons des jardins rectangulaires avec des carrés garnis d'arbres, de fleurs, de pièces d'eau, de vastes allées de palmiers et d'arbres de forme pyramidale. Une treille de vigne et des kiosques champêtres occupaient une partie de ces jardins.
Cependant, ce sont des sources, semble-t-il, peu fiables qui nous en font état. En effet, c'est Diodore de Sicile (1er siècle avant

J.C.), qui aurait décrit cette réalisation très clairement mais la description provenant déjà d'autres sources.

Par contre, paraissant plus juste, les écrits de Bérose *(dans « l'Histoire de Babylone »)* que cite Flavius Josèphe, au 1er siècle, historiographe né à Jérusalem, de langue grecque. Mais qui était Bérose ?   Né à Babylone, Bérose était un prêtre chaldéen, astronome, historien, né à Babylone vers 340 avant J.C.

« Les Jardins suspendus auraient été construits par Nabuchodonosor II (né vers 600 avant J.C.) pour son épouse Amytis, originaire de *Médie*, région montagneuse d'Iran, afin qu'elle retrouve un paysage proche de son pays natal, car Babylone était une région plate et aride... Bizarrement, Nabuchodonosor, s'il décrit ses réalisations, n'en parle à aucun moment. Enfin, les jardins décrits ne paraissent pas toujours cohérents quoiqu'il semble évident qu'ils se situaient bien à Babylone, à proximité de l'Euphrate ajoutait Strabon. Mais ils ont la forme, au sol, d'un carré (comme le mur d'enceinte présenté plus-haut) ; l'épaisseur des murs aurait permis la présence de jardins... et les terrasses pouvaient être de larges escaliers ? le tout irrigué par des canaux...

De cette contrée d'Asie Mineure : « la Babylonie », Hérodote disait : « De tous les pays que nous connaissons, la Babylonie est la meilleure et la plus fertile en blé ; la terre y est si propre à toutes sortes de cultures qu'elle répond toujours 200 fois, autant qu'on y a semé, jusqu'à 300 fois dans les années de grande abondance. La plaine était couverte de palmiers, mais les figuiers ni réussissent point non plus que l'olivier ou la vigne ».

* *

4/ Les jardins de Cuzco

Cuzco, en l'année 1531, époque préhispanique...
au temps de l'Empire Inca,

Au Pérou, Machu-Pichu, ancienne cité Inca aurait été une des
résidence de l'Empereur Pachucutec.

Au Pérou, à Cuzco, capitale de l'Empire préhispanique
située dans les Andes orientales, à 3400 m d'altitude, est le Palais
Impérial qui abrite le Souverain, l'INCA, divin *descendant* du
Soleil.

Cette ville est classée depuis 1983, au Patrimoine mondial
de l'Humanité par l'UNESCO.

En 1300, l'empire se fonde, c'est l'époque des chefferies mais dès l'arrivée du *neuvième* inca, Pachacutec, en 1438, Cuzco connaît un véritable essor – Kusi Yupanqui, à son accession au trône, prit le nom en Pachacutec (en quéchua « Pacha Kutiq » voulant dire « qui retourne tout ou le réformateur).

Il imposa son pouvoir sur un ensemble de 500 tribus conquises, aux coutumes, aux religions, aux diverses langues. Il réorganisa complètement son empire qui s'étendait sur plus de 4000 km de long, tant architecturalement qu'administrativement. Ainsi, les fils des différents chefs traditionnels de tribus, devaient rejoindre Cuzco afin d'en acquérir la *culture* alors que leurs filles devenaient des épouses secondaires. De cette manière, l'Inca dirigeait tout : le *Culte du Soleil* était pour tous le culte d'état – et le Quechua, la langue traditionnelle ; par contre, les coutumes locales persistaient. De ce fait, tous les pouvoirs étaient entre les mains, de l'Inca et la Castres des Prêtres... c'était un état pratiquement totalitaire !

Architecturalement, il avait entrepris la construction de monuments comme le Temple Coricancha (voulant dire Temple d'or ou Temple du Soleil), la forteresse Sacsayh uaman et la citadelle Machu Pichu qui dominait la ville. Mais figuraient de même, à Cuzco, des constructions *cyclopéennes* (énormes blocs de pierre s'emboîtant à la perfection, les uns dans les autres) tels le Palais de l'Inca, le Temple du *Serpent* (Amarucancha) et la « Maison des femmes choisies » (Acclahuasi)... Puis il confia les opérations militaires à son fils Tupac Yupanki, alors qu'il se réservait la gestion administrative de l'immense empire, réorganisant la cité.

A partir de là, un nouvel aménagement fit que l'empire Inca se trouva divisé en 4 provinces dites « provinces de l'Empire des 4 Quartiers », que rejoignaient 4 routes sillonnant les Andes, partant de la capitale. C'est à partir du Temple du Soleil (Coricancha, le lieu sacré de l'empire Inca) que rayonna le *système des cèques*, d'où dérivent une triple organisation : celle de l'Espace Impérial, celle du calendrier, celle de la société ayant chacune leur divinité.

Grâce à ce système des cèques, chaque région était autonome : cela s'apparentait à un gigantesque *quipu* (les noeuds étant les sanctuaires) correspondant aux régions, système permettant le contrôle de chacune d'elles.

Les statistiques concernant la population sont tenus à jour ; la comptabilisation se fait à l'aide d'un système de cordelettes « quipu » combinant les groupes de noeuds et les couleurs de fibres.

Dans l'Empire Inca, l'agriculture est très diversifiée mais répond aux besoins des populations. Les climats diffèrent puisque les terres *s'échelonnent* du niveau de la mer jusqu'à 4000 m d'altitude. Ce sont donc des centaines de terrasses qui entourent le site... des paliers nécessitant des cultures spécifiques.

Il y a des grands travaux de découpage dans la roche, de canalisations, de routes ou pistes aménagées, d'abord pour le transport des terres fertiles ou pour le déplacement de la main-d'oeuvre issue des populations déportées.

Quant aux cultures, selon *l'altitude des « paliers »*, ce sera celles des pommes de terre, des fèves, des haricots, des patates douces ou encore du maïs, piment, manioc, arachide ou coton... Par ailleurs, l'élevage du lama aura lieu dans les hauts plateaux et de l'alpaga produisant viandes et laines ; le lama portant jusqu'à

30 kg sur son dos, c'est un moyen de transport idéal !

Les instruments de culture sont des instruments munis d'un appuie-pied : la houe et le bâton à fouir... Le long des routes de l'empire, des bâtiments de particuliers stockent les productions : tubercules déshydratés par exemple. L'état fait également des réserves ; ces produits seront redistribués en cas de famines et pour nourrir les orphelins ou les armées de l'Empire.

* *

5/ Palmeraies et habitats

a/ au coeur du Yémen

Près du Golfe d'Aden, sur le plateau aride du Hadramout, dominant la *Mer Rouge*, on remarque les cités de la région montagneuse – notamment la ville de *Shibâm* – classée en 1982 au Patrimoine Mondial de l'Humanité. Mais Shibâm, si prospère et influente au 2ème siècle, a perdu aujourd'hui une partie de sa population.

Cette ville, qui a été conçue harmonieusement, expose aux visiteurs, ses maisons-tours ocres et blanches, parfois hautes de 6 ou 7 étages édifiées comme des forteresses pour se protéger, non seulement, des crues mais aussi des guerres entre les sultanats rivaux. Les habitations, ayant 500 ans d'existence, ont été toutes construites à l'aide de grandes briques crues, formées de la boue apportée par les crues occasionnelles de la rivière. Dans l'antiquité, c'est de cette région que démarrent les routes de l'encens pour aller en direction des Temples de la Méditerranée.

A deux pas des villes bâties sur des terrains arides, au sol dur, paraissent des falaises aux gorges profondes, qui abritent des palmeraies d'un vert cru. Ce que redoutent les paysans, ce sont les crues du wadi Hadramau (wadi : lit de rivière asséchée) ; cependant, elles sont indispensables pour irriguer les champs de céréales et les palmeraies.

b/ à des milliers de kilomètres de là, ailleurs, dans l'Atlas, il est un village berbère marocain, ancien lieu de passage des caravanes et ancienne route du commerce. Il présente une particularité : ces maisons à flanc de colline ; souvent, au sommet existe une ancienne citadelle.

Il s'agit d'un village fortifié, à l'architecture de terre crue – technique du « pisé banché » – on découvre, encore aujourd'hui, ces maisons en ruine, hautes de 6 à 7 étages, aux façades sculptées géométriquement. Ce sont des *ksours abandonnés*, non entretenus, appartenant désormais au Patrimoine Mondial de l'Humanité.

Soudain, au pied d'un ksar, on rencontre un torrent infranchissable à pied ou à dos de mulet, car il connaît des crues importantes une grande partie de l'année. Visible au-dessus, une bande de jardins et de petits champs cultivés – en effet, la majorité des ksouriens sont des paysans, vivant de la culture et de l'élevage d'animaux. Tout près de là, parfois, on remarque des collines striées de parties blanchâtres : il s'agit de dépôt de sel.

A l'horizon, se dessinent les sommets enneigés du Haut-Atlas...

A l'heure actuelle, s'agissant de chacun de ces villages ou ces villes, les crues maintenant incontrôlées, menacent les fondations des maisons. En effet, ces cités n'étaient pas un don de la nature mais le fruit du travail des hommes : persévérance de ceux qui défiaient le désert, souhaitant trouver les ressources indispensables à la vie : eau, terres pour les cultures, matériaux de construction... la sagesse collective.

L'UNESCO a désormais un programme pour ces cités : amener l'eau dans chacune des maisons afin d'en freiner le dépeuplement puis réorganiser les jardins.

c/ *Gardaïa, ville du M'Zab : les palmeraies de Gardaïa*
La ville située sur des plateaux calcaires au coeur du Sahara algérien, a été créée par une communauté : secte dissidente de l'Islam, expulsée de ses terres du fait de sa religion. C'est au coeur du désert qu'elle se replia, dans une région hostile coupée des routes existantes. D'une région caillouteuse, brûlée par le soleil, les habitants en ont fait une vallée verdoyante jalonnée de villes harmonieuses... des maisons campées sur des *roches* escarpés afin d'être facilement défendues...

Dans le fond de la vallée : 5 palmeraies se dessinent, ruban vert qui s'étend sur plus de 1000 hectares. Là, à l'ombre des 27000 palmiers, des arbres fruitiers y grandissent, protégeant des plantations de céréales et de légumes. L'eau qui n'est pas en surface, est tirée de puits et on a construit des barrages souterrains afin d'assurer l'humidité du sol des palmeraies.

Par ailleurs, les crues du *wadi* du M'Zab intervenant tous les 3 ou 10 ans, tout est aménagé en fonction de cet événement : écluses pour canaliser le flot et le dévier vers les champs cultivés ; rues étroites serrées entre les hauts murs des jardins que traversent, lors de crues, de véritables torrents d'eau précieuse. Les murs disposent d'ouvertures pour laisser passer la quantité d'eau nécessaire à chaque jardin et des petits canaux, des ponts, des bassins pourvoient à l'irrigation des vergers et potagers. L'eau utile est répartie entre les différentes propriétés et les droits d'usage sont transmis en héritages. Union fertile qui fonde la famille et perpétue la communauté.

Dans son récit : le voyageur Al-Bakri dit être émerveillé par le nombre d'arbres fruitiers (orangers, citronniers, etc...) de cette ville riche qu'est Tahert (Thiaret actuelle), ville mozabite à l'époque.   Son ancien nom romain est Tingartia, point de départ de toutes les routes du Sud. Sa fortune vient des échanges entre marchands venant de la côte méditerranéenne et les caravaniers du Sahara, des agriculteurs des plaines (le Sig) et des pasteurs des hauts plateaux.

En 910, c'est la chute de Tahert, conquises par les Arabes, et le repli des habitants vers le Sud : c'est la création d'El Ateuf, en 1011, Bon Noura, en 1048, puis Beni Isguen et enfin Ghargaia en 1053.   *Sources détaillées : Revue du « Patrimoine Mondial de l'Humanité »*

* *

6/ La méthode ZAÏ

La méthode Zaï est une excellente technique
pour les régions manquant d'eau et surtout pour
récupérer des terres incultivables.

Une bonne façon de cultiver : le ZAÏ

Au Burkina, surtout dans le nord du pays, les paysans cultivent, de plus en plus, selon la méthode du zaï ; cette méthode vient du Yatenga. Elle donne de bon résultats même quand la pluie est en retard, et même quand la pluie manque. Quand la pluie est bonne, les récoltes sont très bonnes.
Cette méthode est très excellente pour les semences améliorées qui ont besoin d'une bonne nourriture.

Avant la pluie :
Les cultivateurs creusent des petits trous dans leurs champs. Ils placent ces trous comme pour semer, en lignes et avec les bonnes distances entre eux (bons écartements). Ils les font plus grands que pour semer : ils les font grands comme une calebasse pour boire - Ils remplissent ces trous avec du fumier bien décomposé ou du compost qu'ils apportent et ils ferment ces trous avec la terre tirée du trou - Ils sèment tout de suite si la pluie va venir ou bien ils sèment après la première bonne pluie.

Pourquoi cette façon de faire est efficace là où il ne pleut pas beaucoup ?

Les trous boivent l'eau des premières pluies ; elle ne coule pas et mouille bien la terre. Le compost ou le fumier décomposé retiennent bien l'eau : elle s'évapore moins vite et la terre sèche moins rapidement – ainsi les cultures ne souffrent pas trop si la pluie manque plusieurs jours.

Le compost ou le fumier sont une bonne nourriture pour les cultures : *les jeunes pieds de mil, de sorgho ou de maïs poussent vite.* Dans la partie nord du Burkina, et même au centre, l'eau manquent souvent. Aussi, de plus en plus, les cultivateurs font de cette façon qui s'appelle zaï au Yatenga, son pays d'origine. Fais de même, tu ne seras pas déçu.

Extrait de : www. abcburkina.net

* *

7/ Agriculture Dogon et villages

Depuis 1974, la Falaise de Bandiagara (située au nord du Burkina)
fait parti du Patrimoine Mondial de l'Humanité.

C'est grâce aux résultats rendus publiques d'études sur le terrain, par l'ethnologue Marcel Griaule, que nous connaissons la vie de la population Dogon. Marcel Griaule faisait parti de la célèbre mission Dakar-Djibouti, organisée par l'Institut d'ethnologie de l'Université de Paris et par le Muséum national d'histoire naturelle et la mission ethnographique Dakar-Djibouti (1931/1933).

* *

« L'organisation spatiale des Dogons.

L'arrivée des premiers hommes sur la Terre »,

tout est inscrit dans le dessin de la Création : « de la grotte naturelle à la maison créée par l'homme... et particulièrement la *dépendance* des Dogons à l'eau, cette richesse rare ».

> « L'arche de la Création descendit par un mouvement à *spirale* sur la Terre desséchée par Yurugu, le désordre. La Terre s'effondra sous le poids de l'arche qui contenait tous les êtres et les choses créées par *Amma*, dieu. Alors, *Nommo*, l'ordre, se transforma en cheval et traîna l'arche dans une dépression qui, par la suite se remplit d'eau formant ainsi le premier *lac*. *Extrait du « Renard pâle », Griaule et Dieterlen*

Chaque Dogon voit dans chaque plan d'eau, la présence de Nommo, le fondateur de l'ordre qui leur assure la survie. Fin avril, lors de la forte évaporation de l'eau qui dessèche les mares, une *cérémonie* de la « pêche collective » regroupant parfois des milliers de personnes a lieu : pêche collective qui permettra d'assurer leur subsistance jusqu'aux pluies suivantes.

C'est aux 14ème et 15ème siècles que le peuple Dogon dut émigrer au sommet de plateaux *rocheux*, au centre de la boucle du Niger, au nord du Burkina, fuir après le passage des cavaliers des armées Mossi et autres, qui détruisaient leurs cultures, rasaient leurs récoltes et tuaient les hommes...

Plus bas, au pied des falaises, on aperçoit les terrains de *culture* dans une plaine sablonneuse remplie d'éboulis de roches, terre aride où la sécheresse sévit pendant 9 mois de l'année... les pluies nécessaires aux travaux agricoles ne surviennent qu'à partir de juillet, pour 3 mois. De ce fait, ils pratiquent une culture peu exigeante en eau : culture de mil, sorgho, arachides, oignons, haricots et parfois riz et coton. Alentour, dans la plaine désertique, on découvre des *arbustes épineux,* quelques arbres et des baobabs très appréciés pour l'ombre qu'ils procurent et pour leurs feuilles appréciées en cuisine.

L'eau est, pour les Dogons, un bien précieux tout au long de l'année... aussi, des petits *barrages* et une série *d'interdits* religieux, les aident à préserver la seule mare utilisable parfois pour tout le village.

C'est sur les toits en terrasse de leurs habitations construites à *flancs* de falaise, entourées de greniers bâtis séparément et surmontés d'une toiture conique, que les Dogons mettent les céréales à sécher... avant de les entreposer pour de longues périodes à l'abri, dans les greniers. Les Dogons ont leur vie sociale et religieuse *liée* à la falaise. *Au-dessus* de leurs habitations, on voit les nécropoles des ancêtres dans les failles de la falaise difficilement accessible... mais aussi leurs greniers de réserve.

Vivant en *symbiose* avec la Nature, ils estiment que l'homme n'est qu'un élément de celle-ci et qu'un rocher, un arbre, un animal... serpent, crocodile... ont « le même poids lorsqu'on les confronte à la terre ».

L'arche de la Création

est l'expression d'un art de vivre traditionnel

> « Le village doit s'étendre du nord au sud, comme un corps d'homme,à plat dos. La tête est la maison du conseil (togu na) édifiée sur la place principale qui est le symbole du premier champ ».   *Extrait du « Dieu d'eau », M. Griaule*

Lors de l'édification du village, le togu na est le *premier bâtiment créé, à la tête de chaque quartier :*
– le « grand abri », l'« abri-mère », mais appelé aussi « case de la parole » où se réunissent les 8 doyens (représentant les 8 ancêtres mythiques), administrateurs de la justice, du calendrier agricole. Les piliers d'entrée du bâtiment sont sculptés, retraçant l'histoire du peuple Dogon.

- Son emplacement, à la tête de chaque quartier, permet de surveiller l'arrivée de l'étranger tout en continuant de travailler le cuir, de tisser, de tresser les cordes et les paniers.
- Les « écritures sculptées sur les piliers » permettent une transmission du savoir..., du patrimoine culturel.

> « La « vraie parole » est celle que prononce un locuteur assis, position qui permet l'équilibre de toutes les facultés ; l'esprit est tranquille, l'eau des clavicules est calme ; la parole est de même, posée et réfléchie. Les vieillards qui se réunissent pour discuter sous l'« abri de la parole » sont toujours assis ; d'ailleurs, fait significatif, cet abri est si bas de plafond, qu'il serait impossible de s'y tenir autrement ».
> *Extrait de « Ethnologie et langage. La parole chez les Dogons », G. Calame-Griaule*

- Le deuxième bâtiment est la ginna « grande maison »,« poitrine »

du village est habité par le patriarche de chaque groupe familial se réclamant d'un même ancêtre.

– dix rangées *verticales* de huit niches *carrées* recevant journellement les offrandes aux défunts :

- surmontées d'une ligne horizontale de trous occupés par des *nids* d'hirondelles recevant journellement leurs graines, apparaissent sur la façade de la maison du patriarche. Le *va-et-vient* des hirondelles est destiné à agrémenter les habitants de l'au-delà.

- *Plus loin, dans son atelier, le forgeron* est un être redouté et respecté du fait qu'il *maîtrise* le feu, l'air, la terre et l'eau...

- *Hors du village, le devin dessinant* sur le sable sa table de divination, *divisée* en petits carreaux dans lesquels seront placés quelques arachides au milieu de signes conventionnels.

- Il lira les « choses *cachées* » grâce aux piétinements des renards (Vulpes pallida) venus les manger.
- C'est le langage de *Yurugu*, héros négatif de la mythologie, dogon *privé* de la parole par Amma, le Créateur, du fait de sa désobéissance. Les Dogons ont conçu également une *société* de Masques, *l'Awa*, réservée aux hommes adultes après un long apprentissage... les destinant, à l'aide de danses, à communiquer avec les défunts qui n'ont plus la parole. Les masques représentant tout le *monde naturel et surnaturel*, sont de bois – et lors de leurs danses, les Dogons revêtent une jupe en *fibres* végétales ; chacun des masques évoque un mythe, mime l'activité, les gestes et attitudes du défunt qu'il anime.

408

Une société de masques, l'AWA....

La protection de leurs dieux qu'ils ont toujours connus, leur assure la force nécessaire à leur vie difficile sur la terre ; les Dogons veulent rester attachés à la représentation religieuse de leur organisation sociale.

Extrait : Revue « Sciences et Vie », Cahier « les Chefs-d'oeuvre du génie humain, 1997 ».

* *

8/ L'élevage du ver à soie, en Chine

« ... nous découvrons l'agriculture chinoise quand elle fonctionne déjà bien, environ *7000 ans avant* notre ère, assumée par les hommes... dans le cadre d'une vie complètement sédentaire ». Régions de grands froids de la Chine du Nord ou bénéficiant de climat plus constant, dans les régions du Sud... « Les hommes passaient la morte-saison à *aménager*, consolider, réparer, transformer les digues, les chemins, les canaux qu'exige la pratique de la riziculture en champs *inondés*. Ils y étaient déjà experts 5000 ans avant notre ère ».

« Pendant ce temps, les femmes cueillaient les fruits sauvages, ramassaient les herbes et les chaumes, laissant aux hommes le labeur du bûcheron et celui du charpentier. Leur grande tâche était d'habiller la maisonnée. Elles-mêmes, comme leurs maris, comme leurs enfants, se vêtaient de chanvre... Il fallait, et c'était le premier de leurs devoirs, tisser aussi, pour le seigneur, de riches vêtements qu'il porterait lors des cérémonies en l'honneur des ancêtres ou entendre les oracles. La matière, entièrement obtenue par des mains féminines dont elle faisait l'orgueil et la gloire, en était la soie, ce textile divin dont l'Occident chrétien voudrait aussi habiller ses pontifes et ses princes.

« Les paysans, à la fin du néolithique, connaissaient déjà la soie. Ce petit ver qui dévorait goulûment les feuilles du mûrier n'avait pas échappé à leur observation. Pour en obtenir régulièrement de beaux cocons, bien à point, les femmes s'étaient mises à les élever, recréant artificiellement les conditions de la nature. Les hommes grimpaient dans les mûriers pour en couper le plus hautes branches. C'était leur première et leur dernière intervention, ensuite les femmes se chargeaient de tout. Elles ramassaient les branchages, les disposaient à la maison, formant une litière sur laquelle elles plaçaient les vers et même les oeufs, et les petites bêtes mangeaient, mangeaient et les femmes couraient dans les bois cueillir encore quelques rameaux de mûrier, les branches basses. Venait enfin le jour où le ver gonflé, poilu, dodu, se recroquevillait, cessait de dévorer et commençait à produire le long fil dont il s'enveloppait comme d'un suaire. Le cocon se formait, dans lequel la chrysalide se transformerait en papillon. Les femmes attendaient, viellaient, guettaient le moment où le ver cesserait de produire son fil et où le cocon sec, durci, atteindrait son plus gros volume avant que le papillon ne le déchire pour sortir. Elles prenaient alors les cocons et les jetaient un par un dans l'eau bouillante pour tuer la chrysalide, humecter la soie, en séparer grossièrement les fils et commencer à la dérouler sous la forme d'une bourre épaisse qu'il faudrait ensuite filer, puis teindre, puis tisser et enfin coudre en vêtements somptueux, souvent rouges, car le rouge, la couleur du sang, possède la propriété de prémunir contre toutes les pollutions. Elle est restée longtemps, en Chine, la couleur des sépultures. Elle ne s'attache plus, aujourd'hui, qu'aux naissances et aux mariages.

« Labeur sans fin, morsure atroce des doigts plongés cent fois dans l'eau bouillante. Les femmes étaient les magiciennes par qui naissait cette matière de rêve, douce et chaude. Aux yeux du seigneur, comme au regard des ancêtres dont on consultait les esprits à tout propos le labeur de la communauté des vivants se partageait donc équitablement ».
Extrait du livre « la Femme au temps des Empereurs de Chine », Danielle Elisseff.

**

9/ au Canada, selon la méthode de « rotation des cultures »

Estimations de la « France agricole », les Actualités agricoles : mars 2015,   pour le maïs,
en Europe les rendements ont été estimés en moyenne
à 7,22 t/ha, pour la récolte de 2013,
contre 6,08 t/ha en 2012...
http://www.lafranceagricole.fr

... Christian Couvrette avait un bon pressentiment.

« Je n'en revenais pas de voir le rendement, raconte-t-il :

(...) à l'oeil, il estimait le rendement à 15 Tm/ha (6 tonnes à l'acre).

« *C'était le 6 octobre, à Sainte-Scholastique (Mirabel).* Quand l'équipe du semencier ... est arrivée sur place pour la pesée officielle, on a dû s'y reprendre à trois reprises à tel point le résultat était improbable : **17 Tm/ha (6,9 tonnes à l'acre).**

« L'euphorie a vite gagné le producteur et ses deux fils, Jean-Philippe et Louis-Clément. Ils ont pourtant l'habitude des records...

« **En Ontario et au Québec**, les producteurs de maïs-grain estiment avoir un très bon rendement lorsqu'ils atteignent ou dépassent 10 Tm/ha (4 tonnes à l'acre)....

« ... Il s'agit d'un retour de maïs (deuxième année en maïs), dans un champ qui a été labouré. La fertilisation minérale a été appliquée aux semis seulement et il n'y a eu aucun désherbage...

« Quel est donc le secret? Il y a d'abord les longues rotations, qui incluent quatre ans de luzerne, une ou deux années de maïs, un an de soya et un an de petites céréales. Le fumier du troupeau laitier contribue aussi à améliorer la qualité du sol. » *

« Christian Couvrette ne s'en cache pas : il cultive sur d'excellents sols, qu'il prend soin de ne pas compacter. Ses sols comprennent une couche de terre noire dont l'épaisseur varie. Ils ont une structure à telle point idéale qu'ils n'ont pas à être drainés. Il s'agit de terrain qui a longtemps été laissé en friche et qu'il a lui-même remis en culture le long des pistes d'atterrissage de l'aéroport de Mirabel. »

Fidèle abonné du journal Agricom –   le Bulletin des Agriculteurs   Québec – Canada

* *

10/ en Ethiopie

Les arbres et cultures ... (les cultures associées)

Il s'agit d'un système cultural qui réapparaît car il présente de notables avantages. En effet, il associe, en même temps, sur une même parcelle... :
- la culture du semis et de la récolte d'une même espèce végétale simultanément ;
- ou deux *espèces* végétales, semées en même temps ou en différé, mais qui seront récoltées en même temps (par exemple : une céréale et une légumineuse) ;
- ou également, placer sur une même parcelle, des arbres et des céréales *(agroforesterie)*, parfois même de plusieurs sortes : des semis sous couvert...

- *Les semis sous couvert* peuvent permettre de produire *deux* cultures par an, sur la même parcelle :
  - la première, destinée à l'alimentation et
  - la deuxième, à la *reconstruction* d'un capital carbone dans les sols ou *valorisée* énergiquement.
  - Ainsi, la fertilisation du sol se trouve augmentée... « ... *d'où un retour au sol de près de 8 t. C/ha/an » (Institut de l'Agriculture durable).*

Plantez un arbre :

En effet, un arbre absorbe le gaz carbonique par les feuilles, le transforme et rejette l'oxygène dans l'air. Un arbre adulte peut produire assez d'oxygène pour 18 personnes, selon sa taille *et son espèce...*

En plantant plus d'arbres, et en disant « halte » au déboisement, nous réduisons les émissions de gaz à effet de serre qui sont à l'origine de la hausse des températures des océans qui, à son tour, tue le plancton producteur d'oxygène.... C'est une autre raison pour laquelle les arbres sont appelés « les poumon s du monde ».

Cependant, lorsqu'ils meurent et se décomposent, ils libèrent peu à peu le carbone qu'ils avaient absorbé - ils contribuent à la production de gaz à effet de serre et c'est pire lorsqu'il y a déboisement...

*

Lorsque M. Gashaw Tahir, de retour dans son pays, l'Ethiopie, constate un univers dénudé, la dégradation du sol, la faune se fait rare et la température moyenne a considérablement augmentée, ce qui contribue à la poussée du paludisme : sur les douze rivières qui coulaient il y a des années, il en subsiste qu'une ou deux rivières qui coulent ... Il décide alors un programme de réhabilitation écologique du sol : reboiser la montagne : un hectare de terrain donné par la mairie.

Pour faire ce travail, il recruta d'abord 450 jeunes, qui pourront ainsi gagner de l'argent, musulmans et chrétiens, afin de promouvoir la coexistence des religions. (projet connu sous le nom de « Groenland Development Foundation »).   D'autres terres ont été données. A ce jour, plus d'un million d'arbres ont été plantés. D'autres jeunes ont été embauchés... et

> seront ajoutés des milliers d'arbres fruitiers qui serviront à contrer l'érosion du sol de manière durable, fournissant nourriture et revenu supplémentaire à la population.
>
> M. Tahir a créé un Centre de Recherche agricole où les jeunes et leurs parents pourront apprendre les techniques nouvelles de culture... Les jeunes gagnent de l'argent, sont devenus autonomes, et retrouvent de l'espoir...
>
> Actuellement, le paysage s'est modifié, il y a renouveau des pâturages et zones d'ombrages mais surtout baisse des températures. »
> *IIP DIGITAL USAMBASSADY GOV. - 2010.*

Les services rendus par les arbres ne bénéficient pas seulement à l'agriculture, la biodiversité et la qualité paysagère ; de nombreuses activités territoriales tirent également partie de leurs services:

- la gestion de l'eau à l'échelle des bassins versants est très sensible à l'activité agricole,
- la pérennité de l'apiculture dépend de la qualité et de la diversité des ressources,
- la gestion de la nature dépend des habitats disponibles et de la continuité écologique,
- la restauration humaine profite de produits de qualité, issus de filières durables,
- les loisirs et activités de pleine nature (chasse, pêche, randonnée ...) nécessitent la présence d'arbres...

Extrait, site « Association Française de l'Agroforesterie ».

* *

11/ en Jordanie. -

La permaculture

une autre expérience...

L'idée vient d'un des experts mondiaux en permaculture : il se nomme *Geoff Lawton*, Australien ; il a formé 15 000 étudiants à cette technique. Il dit « on peut régler tous les problèmes du monde dans un jardin ».

Dans le désert de Jordanie, dans un lieu aride, la région la plus *aride* du monde, à 400 m au dessus du niveau de la mer, le Projet « Greening the Desert » (faire *verdir* le désert).

Il s'agit de la création d'une forêt vivrière avec arbres fruitiers, végétation, vignes, légumes... Il utilise des *méthodes* naturelles pour récupérer et recycler l'eau, pour fertiliser les sols, pour créer un écosystème riche en biodiversité et *productif.* C'est un véritable laboratoire qui paraît être la solution, la *lutte* contre la faim dans le monde.

On peut régler tous les *problèmes* du monde dans un jardin selon Geoff Lawton. Grâce au développement de cette forêt, le climat est *devenu* plus frais, les cultures sont *protégées* de la chaleur du désert.

* *

12/ au Rajastan, Inde. -

l'énergie solaire

D'après « Magazine OMPI » Juin 2009

Barefoot Collège. ONG indienne : fondateur : M. Bunker Roy
(Ph.: Barefoot College ...)

« ... sa manière d'aborder ces questions a déjà changé de nombreuses vies. »

« Les populations rurales pauvres de la Terre sont les premières *victimes* des changements climatiques et celles qui en souffrent le plus... Aussi Barefoot Collège, du Rajastan, apporte *l'énergie solaire* et les technologies propres aux communautés *paysannes* les plus pauvres.

« Le concept pouvait sembler irréaliste, et pourtant des centaines de femmes illettrées ou *semi-illettrées* des pays en développement et des pays les moins avancés - dont de nombreuses *grands-mères* - ont reçu de *Barefoot College* (littéralement le "collège aux pieds nus") une *formation* qui en a fait de véritables ingénieurs en énergie solaire. Elles sont ensuite rentrées chez elles pour y installer des panneaux et des piles solaires dont elles assureront aussi l'entretien et la réparation et qui changeront pour toujours la vie dans leurs villages isolés. Mieux encore : elles ont appris à d'autres personnes des villages voisins à faire la même chose.

Comment tout cela a-t-il commencé?

« Il existe en Inde une multitude de villages isolés que l'on ne peut atteindre qu'après des *jours* de voyage en tout-terrain sur des pistes difficiles, suivis d'un long trajet à pied. La seule source d'électricité possible, pour les populations de ces zones reculées, est l'énergie solaire *photovoltaïque*. L'accès à l'électricité grâce à des solutions simples et efficaces comme celle de Barefoot peut améliorer considérablement la vie des villageois et contribue au développement. Il réduit en effet le coût de l'éclairage, permet de générer des revenus et *favorise* les activités éducatives, tout en limitant la pollution intérieure et les *risques* d'incendie dus l'éclairage traditionnel au kérosène. »

**

13/ En Egypte

La forêt de Sérapium, à deux heures du Caire

Afin de planter des variétés d'arbres (acajou, eucalyptus...) qui soient source de revenus *pérennes*, il a fallu beaucoup d'imagination et de patience...

En effet, qui aurait pu envisager *créer* une forêt de près de 200 hectares au milieu de ce désert aride et de plus *ne pas* puiser dans les réserves d'eau potable.

L'objectif de ces chercheurs allemands et éthiopiens ?
Faire reculer le désert, lutter contre la désertification !
Ils ont dû trouver une solution durable pour permettre aux arbres de se développer dans cet environnement ...

L'utilisation de l'eau d'un bassin de drainage situé à proximité était la *solution* espérée. C'était de l'eau débarrassée d'une partie de ses impuretés mais restant *impure* à la consommation humaine et les plantes : une eau qui contient toujours des nitrogènes en quantité et des phosphates, deux *éléments* très fertilisants. Tous constatèrent de plus, que les arbres arrosés de la sorte, se développent 4 fois plus vite que les autres : ces arbres n'ont besoin que de 15 ans au lieu de 60 ans en Allemagne, pour atteindre la taille normale.

Ainsi, la région a trouvé comment se débarrasser des eaux usées, qui maintenant la *végétalisent* et relancent l'économie locale. Il est même envisagé la transformation de 650 000 hectares de désert grâce à ce procédé et obtenir ainsi une bonne production de bois.

D'après le site « HelloDemain » Rédacteur Antoine Lebrun, article publié le 2/9/2016.

(en effet, depuis 1900, le Sahara a progressé vers le sud, de 250 km).

*

14/**au Sénégal, au Sahel ...** *un programme de l'Union Africaine.*

La Grande Muraille verte, en Afrique d'est en ouest
- *est un projet de développement rural*, là où il est important de combattre la désertification et la sécheresse qui créent la misère et la famine. Des dizaines de *millions* de personnes sont concernées.

« la grande Muraille Verte en Afrique » Photo satellite du Sahara en 2002 »
d.p.   Auteur NASA

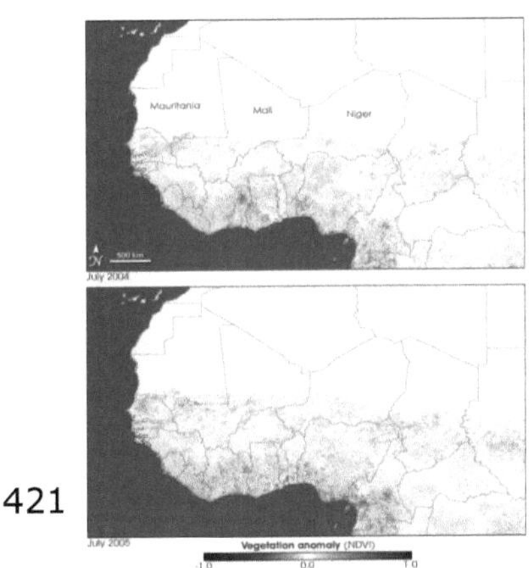

421

« *Evolution de la végétation en Afrique Sud-Saharienne* »
d.p.   (NASA-autorisation PD/USGov)   Util. T.L. Mile Wikipédia

Initiative de *plantation* d'arbres mais aussi projet global de développement ayant commencé en 2008 ; plantations actuellement en cours et qui interviendront dans les 11 pays du *Sahel* : la Mauritanie, le Sénégal, le Mali, le Burkina Faso, le Niger, le Nigeria, le Tchad, le Soudan, le Soudan du Sud, l'Erythrée, l'Ethiopie, Djibouti... sur 7600 km de long et 15 km de large.

*L'application des **Principes de gestion durable** des terres : une solution...*

L'application de pratiques de gestion durable des terres aide à lutter contre la désertification et à rétablir et réhabiliter la terre, le sol, l'eau et la végétation. La gestion durable des terres renvoie à l'usage multifonctionnel de la terre et est opposée aux usages monofonctionnels. Il a été démontré que l'application des principes de gestion durable permet d'augmenter les rendements de 30 à 170%. Les terres perdues chaque année pourraient produire 20 millions de tonnes de céréales. La désertification et la dégradation représentent une perte de revenus de 42 milliards de dollars US par an.

422

> *Toutes les données proviennent de l'évaluation des écosystèmes pour le Millénaire de 2005 ; compte-rendu de « Décennie des Nations Unies ».*

*

SEPTIEME PARTIE

Proverbes et maximes

« La règle d'or de la conduite est la tolérance mutuelle car nous ne penserons jamais tous de la même façon, nous ne verrons qu'une partie de la vérité et sous des angles différents »

(« Je n'aime pas le mot « tolérance » mais je n'en trouve pas de meilleur »)

« Mohandas K. GANDHI (Mahatma GANDHI), homme politique indien, philosophe (1869/1948) »,   d.p. - Util. Yann   Wikipédia

A/

« **Aimez** qu'on vous conseille, et non pas qu'on vous loue ». Jean Boileau

« Un jour, quand nous aurons maîtrisé le vent, les vagues, les marées et la pesanteur, nous exploiterons l'énergie de l'**Amour**. Alors pour la seconde fois dans l'histoire du monde, l'homme aura découvert le feu ». Pierre Teilhard de Chardin

« L'**Amour** et les fleurs ne durent qu'un printemps ». Pierre de Ronsard

« Le plus grand **Arbre** est né d'une graine menue ». Lao Tseu

« Autant l'**Arbre** de Pallas porte d'olives,
Autant de noyaux tombés sur le rivage sombre,
Autant il y a de chagrins dans l'Amour... ». Ovide (510), « l'Art d'Aimer »

« On dit que l'**Argent** ne fait pas le bonheur, mais il y contribue ! ». Proverbe populaire

« Si vous voulez savoir le prix de l'**Argent**, essayez d'en emprunter ». Quintard

« S'il pleut en **Août**, les truffes sont au bout ». Dicton

« En **Août**, jour sans vent, pour le vin c'est excellent ». Dicton

« En **Août**, dit le dicton, les « météorologues deviennent fous ! ».

« L'**Automne** est un andante mélancolique et gracieux, qui prépare admirablement le solennel adagio de l'hiver ». George Sand François le Champi

« L'**Automne** est le pè*re des fruits* ». *« Odes » de Horace (15 avant J.C.)*

« Il n'est pire **Aveugle** que celui qui ne veut pas voir,
Il n'est pire sourd que celui qui ne veut pas entendre ». Proverbe

« Au royaume des **Aveugles**, les borgnes sont rois ». Proverbe

« Quand un **Aveugle** en guide un autre, ils tombent tous les deux dans le fossé ». Proverbe flamand

« Fleur **d'Avril**, tirant à un fil ». Dicton

« On n'a pas hiverné tant qu' **Avril** n'est pas passé ». Dicton

« N'y est pas si gentil **Avril** qui n'ait son chapeau de grésil ». Dicton

« Le mois d'**Avril** commence toujours le même jour que le mois de juillet ». Dicton

B/

« La **Beauté** de la femme est un fruit délicat : elle fleurit partout, mais elle ne mûrit qu'en espalier contre son mari ». Edmond About

« Etre **Belle** et aimée, ce n'est être que femme ; Etre laide et savoir se faire aimer, c'est être princesse ». Barbey d'Aurevilly

« **Bien** mal acquis ne profite jamais ». Proverbe populaire

« **Se Brûler** à la chandelle comme un papillon ». Langage populaire (se laisser attirer par un attrait dangereux)

C/

« La **Calomnie** dénature les plus belles actions en les infectant de sa bave ». Dicton

« Les vieux Romains disaient : « **Carpe diem** ». Proverbe (saisissons la journée pour l'utiliser le mieux possible)

« Impose ta **Chance**, serre ton bonheur. Va... A te regarder, ils s'habitueront ». René Char

« Les **Corbeaux** volent là où est la charogne ». Proverbe flamand

« La **Couleur**, qui est vibration de même que la musique, est à même d'atteindre ce qu'il y a de plus génial et pourtant plus vague dans la nature : sa force intérieure ». Paul Gauguin

« Beaucoup de **Cris,** et peu de laine ». Dicton

« Tant va la **Cruche** à l'eau qu'à la fin elle se casse ». Dicton

D/
« Froid et neige en **Décembre,** du blé à revendre ». Dicton

« L'âme du **Diamant** est la lumière ». Joseph Joubert « Pensées »

« Les grands D**iseurs** ne sont pas les grands faiseurs ». Proverbe populaire

« Heureux celui qui connaît les **Divinités** des champs ». Virgile (30 avant J.C.)

« Nos **Doutes** nous assaillent et nous font échouer ». Shakespeare

E/

« Les vrais **Ennemis** sont en nous-mêmes ». Bossuet

« Gare aux petits **Ennuis,** ce sont les plus corrosifs ». Dale Carnegie

« Rien de grand n'a été réussi sans **E**nthousiasme ». Ralph Waldo Emerson

« Les **E**poux qui s'accordent le mieux, ne sont pas toujours ceux qui s'aiment le plus ».

F/

« Faîtes-vous envoyer promptement les **Fables de la Fontaine** : elles sont divines ». Madame de Sévigné

« Les **Fards** ne peuvent faire que l'on échappe au temps, cet insigne larron ». Jean de la Fontaine

« Brouillard **de Février** vaut du fumier ». Dicton

« S'il tonne **en Février**, point de vin tiré ». Dicton

« **Février** n'est jamais si dur et si méchant qu'il nous fasse cadeau de 7 jours de printemps ». Dicton

« Il est battu par les **Flots** mais ne sombre pas ». (Fluctuat nec mergitur ! Devise de la ville de Paris)

G/
« Des **Goûts** et des couleurs, il ne faut pas discuter ». Proverbe du Moyen-âge

H/
« Il n'y a pas d'**Homme** cultivé ; il n'y a que des hommes qui se cultivent ». Maréchal Foch

« **Heureux** celui qui a pu pénétrer la cause secrète des choses ». Virgile « les Géorgiques »

« L'**Homme**, s'il te conseille calmement, il veut ton bonheur ; s'il te commande abusivement, il veut sa gloire ! ». Proverbe

« L'**Homme** sans abri, est un oiseau sans nid ». Proverbe

« L'**Homme** supérieur, c'est celui qui d'abord met ses paroles en pratique et ensuite parle conformément à ses actions ». Confucius

« Nous disons qu'un **Homme** est fou quand il ne pense pas comme nous ! ». Anatole France

« L'**Homme** n'est pas ce qu'il pense être,
Mais ce qu'il pense, il l'est ». Norman Vincent Peale

« On n'est un **Homme** que lorsqu'on a tracé un sillon dans un champ ». Proverbe finlandais

I/

« L'**Ignorance** est mère de tous les maux ». Rabelais (16ème siècle)

« Si tu as de **l'Insomnie**, prends un bouillon d'ortie ». Dicton

« Celui qui cherche à s'**Instruire** est plus aimé d'Allah que celui qui combat dans une guerre sainte ». Al Ghazali, poète persan

J/

« Beaux jours de **Janvier** trompent l'homme en Février ». Dicton

« **Janvier** sec et beau, remplit les tonneaux ». Dicton

« Mieux vaut un voleur dans le grenier que beau temps en **Janvie**r ». Dicton

« Dieu tout puissant commença par planter un **Jardin** ».

« Le **Jardin**, grand comme un grain de moutarde ». « Manuel de Principes picturaux sur les Plante ». Wang Kai, Chinois (17ème siècle)

« **Juillet** sans rage, famine au village ». Dicton

« Au 15 **Juillet,** limaçon aventureux annonce temps pluvieux ». Dicton

« Pour presque toute la France, le mois des roses est le mois de **Juin** ». Alphonse Karr

« En **Juin**, soleil qui donne n'a jamais ruiné personne ». Dicton

« En **Juin**, le temps du 3 est le temps du mois ». Dicton

K – L – M/
« Pluie du 1er **Mai,** ôte au fourrage sa qualité ». Dicton

« **En Mai,** fais ce qu'il te plaît ! ». Dicton

« La **Main** humaine est un instrument précieux, précisément parce que le pouce y est opposé aux quatre autres doigts… C'est la forme de la main qui, sans doute, a assuré à l'homme l'empire du monde ». Anatole France

« Quand on met la **Main** à la pâte, il en reste toujours quelque chose aux doigts ». Proverbe populaire

« Qui **Mange** trop, pâtit encore plus que celui qui jeûne ». Raspail

« En **Mars**, mets le sécateur en action ». Dicton

« Le M**elon** a été divisé en tranches par la nature, afin d'être mangé **en famille ;** la citrouille, étant plus grosse, peut être mangée par les voisins ». Bernardin de Saint Pierre

« **Mesdames**, souriez afin que plus tard, vos rides soient bien placées ». Madame de Maintenon

« Le **Muguet**, c'est les larme de Notre Dame ».

N/

« Quand il s'agit de défendre la **Nature**... je suis toujours preneur...   mais je refuse catégoriquement d'adhérer à l'écologie extrême ». André Guignard

« La **Nature** est éternellement belle et généreuse. Elle verse la poésie et la beauté à tous les êtres, à toutes les plantes, qu'on laisse s'y développer à souhait. Elle possède le secret du bonheur, et nul n'a su le lui ravir ». George Sand « La Mare au diable ».

« La **Nature** parle la même langue à ceux qui cohabitent avec elle, sur la montagne ou sur la mer ». Lamartine « La **Nature** ne fait rien sans objet ». Aristote

« On ne commande la **Nature** qu'en lui obéissant ». Francis Bacon

« La **Nature** est favorable au sage et la chance en est jalouse ». Proverbe espagnol

« Manteau de **Neige** dans le prés, manteau de foin prochain été ». Dicton

« **Noël** porte **l'hiver** en besace : quand il ne l'a pas devant, il l'a derrière ». Dicton

« Un mois avant, un mois après **Noël**, le froid est bon et naturel ». Dicton

« Entre **Noël et Chandeleur**, mieux voir loup que valet laboureur ». Dicton

O/

« Le Moyen-âge n'était pas **Obscurantiste** ! Quand je vois l'impact des sectes sur nos contemporains, je me demande où est l'obscurantisme ! ». Jacques Le Goff

« L'homme se découvre quand il se mesure à l'**Obstacle** ». Antoine de Saint-Exupéry

« **Octobre** vaillant, fatigue son paysan ». Dicton

« **Octobre** en bruine, Hiver en ruine ». Dicton

« **Ora** et Laboura ». Saint-Benoit, vers 530

« L'**Ordre** est la première loi du Ciel ». Proverbe

« Le comble de l'**Orgueil** est de se mépriser soi-même ». Gustave Flaubert

« Celui qui n'**Ose** pas ne doit pas se plaindre de sa malchance ». Proverbe indien

P/

« Pour expliquer un brin de **Paille**, il faut démontrer tout l'univers ». Rémy de Gourmont

« **Pas à pas**, on v a bien loin ». Proverbe populaire

« Sous le chapeau d'un **Paysan**, est le conseil d'un prince ». Aulu-Gelle (2ème siècle)

« Les grandes **Pensées** viennent souvent du coeur ». Vauvenargues

« **Pierre** qui roule n'amasse pas mousse ». Dicton populaire

« Je **Plie e**t ne romps pas ». Jean de la Fontaine

« A son **Plumage**, on reconnaît l'oiseau ». Dicton populaire

« Le chapitre des petits **Pois** dure toujours ; l'impatience d'en manger, le plaisir d'en avoir mangé et la joie d'en manger encore sont les trois points que nos princes traitent depuis quelques jours ». Madame de Maintenon

« Papillon blanc annonce le P**rintemps** ». Dicton

« Jamais **pluie de Printemps** ne passa pour mauvais temps ». Dicton

« **Prudence** est mère de sûreté ». Proverbe populaire

Q/
« **Qui** va doucement, va sûrement, Qui va sûrement, va longtemps ! ». Proverbe italien

R/
« Il attendit encore 7 autres jours et lâcha à nouveau la colombe hors de l'arche ; Sur le soir, elle revint à lui et voilà qu'elle avait au bec un frais **Rameau** d'olivier... ».
Ancien Testament « La Genèse »

« L'homme n'est qu'un **Roseau**, mais un roseau pensant ». Blaise Pascal

« Une **Rose** d'automne est plus qu'une autre exquise ». Agrippa d'Aubigné

« La **Ruine** est une esclave et ne doit qu'obéir ». Proverbe

« Les petits **Ruisseaux** font les grandes rivières ». Dicton

S/
« Quand le **Sage** montre la lune, l'imbécile regarde le doigt ». Proverbe chinois

« Le **Sage** supporte d'une âme égale, les coups de l'adversité »

« Blé fleuri à la **Saint Barnabé**, donne abondance et qualité ». Dicton
« Veux-tu oignons, seigle, petits pois ? Sème-les à la **Saint Benoît** ». Dicton

« Si à la **Saint Blaise,** de la neige jusqu'à la queue de l'âne, le lendemain l'hiver s'apaise ». Dicton

« **Saint Gervais,** Saint Pancrace, Saint Mamert (11/12/13 mai) sont tous, vrais saints de Glace ». Dicton

« Qui sème à la **Saint Léger,** aura du blé léger ». Dicton

« A la **Saint-Martin**, l'hiver est en chemin ». Dicton

« A la **Saint Maur,** demi hiver dehors ». Dicton

« S'il pleut à la **Saint Médard,** il pleuvra 40 jours plus tard ; à moins que **Saint Barnabé** ne vienne tout arranger ». Dicton

« **Saint Paterne** pour de bon, apporte chaleur de saison ». Dicton

« Les **Paysages** étaient comme un archet qui jouait sur mon âme ». Stendhal (Henry Beyle, dit Stendhal)

« **Respecter** autrui, c'est se respecter soi-même ». Proverbe

« Pluie fine à **Saint Augustin,** c'est comme s'il pleuvait du vin ». Dicton

« Pluie à l'Assomption, c'est tout bon, mais à la **Saint Barthélémy,** tout le monde en fait fi ». Dicton

« La **Saint Laurent** mouillée, l'automne est au bout de l'année ». Dicton

« Pluies de **Saint Reverien** font belle avoine et maigres foins ». Dicton

« Pluie de **Saint Victor,** la récolte ne sera pas d'or ». Dicton

« **Saint Vincent** clair et beau, plus de vin que d'eau ». Dicton

« A la **Sainte Agathe**, plante un brin d'oignon, tu en auras quatre ». Dicton

« Après la **Sainte Angèle**, le jardinier ne craint plus le gel ». Dicton

« A la **Sainte Catherine**, tout bois pend racine ». Dicton

« Sème à la **Sainte Cécile**, chaque fève en fera mille ». Dicton

« Le jour de la **Sainte Félicité** se voit venir avec gaieté car c'est le plus beau jour de l'année ». Dicton

« Moissonnez à la **Sainte Ignace**, quelque temps qu'il fasse ». Dicton

« A la **Sainte Julie**, le soleil ne quitte pas son lit ». Dicton

« A la **Sainte Lucie,** les jours croissent d'un saut d'une puce ». Dicton

« Avec la **Sainte Procule** arrive la canicule ». Dicton

« Pluie à la **Sainte Radegonde,** misère abonde sur le monde ». Dicton

« **Savoir** ce qui est bien et ne pas le faire, c'est la pire des lâchetés ». Confucius

« Le **Soleil** suspendu aux portes du couchant dans des draperies de pourpre et d'or ». Chateaubriand

« Un **Sot** trouve toujours un plus **sot** que lui qui l'admire ». Nicolas Boileau

« Il y a des **Sottises** bien habillées comme il y a des sots très bien vêtus ». Chamfort « Maximes et Pensées

« Qui craint de **Souffrir** : il souffre déjà de ce qu'il craint ». Montaigne « Essais »

« Lorsque dans votre course, vous rencontrez un homme trop las pour vous donner un **Sourire**, laissez-lui le vôtre : car nul n'a plus besoin d'un sourire que celui qui n'en a plus à offrir ». Dale Carnégie

T/

« Le premier mérite d'un **T**ableau est d'être une vraie fête pour l'oeil ». Line Launay

« Parle à **la Terre** et elle t'enseignera ». Livre de Job, 4ème siècle avant J.C.

« Sur **Terre**, tous les êtres humains sont égaux et frères ; la religion est secondaire ».

« Deux monstres désolent **la Terre** en pleine paix : l'un est la calomnie, l'autre l'intolérance ». Voltaire

« – Je lisais, que lisais-je ?
– Oh, le grand livre immense !
– la Bible ?
–   Non ! **la Terre** ! » Réflexion de Victor Hugo

« La **Terre** ne rend jamais sans intérêt ce qu'elle a reçu ! ». Cicéron (1er siècle avant J.C.)

« A ouvrir la **Terre,** ne serait-ce que l'espace d'un carré de choux, on se sent toujours le premier, le maître, l'époux sans rivaux. La terre qu'on ouvre n'a plus de passé, elle ne se fie qu'au futur... »
« La naissance du Jour ». Colette

« Un « **Tiens** » vaut mieux que deux tu l'auras ! ». Proverbe380
« **Tonnerre** en Mai, les vaches ont du lait ». Dicton

« **Tonnerre** en **Mars** veut dire « hélas ! ». Dicton

« **Tonnerre** en Juin, année de paille et de foin ». Dicton

« **Tonnerre** de Saint-Pascal, sans grêle, n'est pas un mal ». Dicton

« **Tourments** et soucis peuvent provoquer caries ».

« Tel **Toussaint**, Tel Noël ». Dicton

« La **Toussaint** arrivée, le blé est semé, les fruits, pommes de terre et vins entrés ». Dicton

440

« Le **Travail** éloigne de nous trois grands maux : l'ennui, le vice, le besoin ». Voltaire

U – V/
« Il n'y a pas de **Vent** favorable à celui qui ne sait pas où il va ». Dicton populaire

« **Vin** sur Lait, c'est souhait – Lait sur vin, venin ! ». Dicton

« Les **Volontés** précaires se traduisent par des discours, les volontés fortes par des actes ». Gustave le Bon

« Le **Voyage** n'est pas fini parce qu'on aperçoit l'église et le clocher ». Dicton populaire

* *

« La fonte de la neige » ; est distribué sous licence CC BY-SA 3.0.   Auteur Historicair Wikipedia

Bibliographie

• « L'énergie est dans votre jardin », Editions « Systèmes solaires ».

• les revues « Patrimoine mondial de l'Humanité ».

• le « Message des Constructeurs de Cathédrales », Christian Jacq.

• les « Femmes au temps des Empereurs de Chine », Danielle Elisseeff.

• les « Vertus masquées des OGM » Guy Sorman.

• le « Jardin Potager », Marie Françoise Valery, Editions du Chêne.

• « Mon Jardin potager et fruitier », Anna Pavord, Sélection du Reader's Digest.

• « Saveurs et Terroirs de France », Philippe Lamboley, Editions France-Loisirs.

• « Les bons Produits du Marché », Editions France-Loisirs.

• « La santé par les Plantes », Editions Alphen.

• « Vitamines et Minéraux », Karen Sullivan, Editions Könemann.

• les revues « le Chasseur Français », « Sciences et Vie », « Connaissance des Jardins », « Joie de Vivre », « Almanach savoyard », etc...

• les Encyclopédies « le Potager biologique », Editions Denoël.

• **« Le développement durable – Enjeux politiques, économiques et sociaux, n° 5226 »** – Auteurs : Catherine Aubertin, Franck - Dominique Vivien ; la Documentation française 2006.

• **« Agriculture et santé : L'impact des pratiques agricoles sur la qualité de vos aliments »** – Auteur : Guillaume Moricourt ; Editions Dangles 2007

**

445

Remerciements

Nous nous souvenons du R.P. Robert FRITSCH, décédé en 2009 à l'âge de 87 ans, qui nous a offert les belles photos qui paraissent dans ce livre.

Je me souviens des sorties en montagne, où il était infatigable, et de notre petit groupe à qui il faisait découvrir et expliquait patiemment les qualités des plantes... et, bien sûr, les conseils quant à la préservation d'espèces rares. Toujours jovial, il était intarissable dans les explications de ces richesses terrestres.

Le R.P. Fritsch était le Président de la Société d'Histoire Naturelle de Savoie, Enseignant au Lycée agricole et horticole de la Fondation du Bocage à Chambéry, et auteur de nombreux livres sur la flore des montagnes...

**

Nous remercions tout particulièrement, pour les photos gracieusement offertes :
- Monsieur le Directeur du Jardin potager du château de Villandry, (Eure-et-Loir),
- le R.P. Robert Fritsch, Chambéry (Savoie),
- Madame Josiane Cochini, Apremont (Savoie),
- Madame Simone Mounier, le Biollay (Savoie), etc ...
- et tous les amis qui ont su nous donner conseils au hasard des pages...

**

ENCYCLOPEDIE DES PLANTES

446

447

Table des matières

*

Deuxième partie

Les teintures à l'ancienne, à partir de plantes

*

Troisième partie

Le langage des fleurs

*

Quatrième partie

La santé par les plantes

*

Cinquième partie

Connaissance des plantes 315

*

Sixième partie

Les jardins d'ailleurs

*

Septième partie

Proverbes et Maximes

*

* *

ENCYCLOPEDIE DES PLANTES

455

NOTES

456

NOTES